U0394028

# 回味

## 美食思故乡

唐玉霞———著

中国出版集团　东方出版中心

# 目 录
CONTENTS

丝丝缕缕总入味（序）

第一辑
## 江南鱼米书

第二辑
# 有味是清欢

第三辑
# 洗手作羹汤

## 第四辑
# 饮食思男女

# 丝丝缕缕总入味（序）

谈正衡

　　一本美食札记，一场口舌与文字的厮磨，其间并无多少精致美食或是吃法的高难动作。所述多是田园饭菜、村醪腌腊和一些市井小吃，凭食事以寄乡情，叹流年，几篇读罢忽有所悟：舌头能丈量人生，味蕾上可演绎万种风情……于是令人向往。

　　书名《回味》，对味觉的描述尤为出神入化。如果说，寻常饭菜，一饮一啄，皆是自己碗里的前世今生；那么，味道的厚薄，则常常消融在世情冷暖的领略里。物无定味，适口者珍，具体到食物本身来讲，能否做到有味可回，因人而异。口腹之道，更多的是反映在生活方式和地理山水的层面上，就像雪菜冬笋肉丝这样鲜上加鲜的下饭小菜总是能让我们长久怀念。追溯已逝的一段年华、一个季节、一片土地、一方风俗……我们尤其珍惜自己的延伸体验。一如宋人林洪的那本《山家清供》，里面排满真君粥、椿根馄饨、梅花汤饼、碧筒酒和广寒糕，谈馔论诗，信手拈来，口味纯正，弥足珍贵。人生就是一场经口穿肠的过往，当风华正茂的味蕾搭伴漫谈杂说一道上路的时候，再托庇于人文历史余韵，便标记出一种成熟阅世的姿态。

　　唐玉霞不是食神，也不屑使用"大快朵颐"和"食指大动"这样粗糙的提气词。她拒绝同质化，但从来都不会将文字的弓拉得太满，尽管文脉是那样丰沛，却偏爱从小处流淌，心眼独具，妙手偶得，故而我们能在水火之间读到许多俏皮与舒泰老到。出于对故土一种由来已久的秉性的尊重，在品味和说味中，把一些炉火炊烟描摹得这般快意恩仇，缭绕而不焦灼。檀板旧梦忆江南，历史的，社会的，现世的，楼台月影，人生历练，随便从书中扯出几段，都足以让你五官齐鸣。喜欢这本书，就是因为这本书向着一方水土，把我们生命中最亲切有味的一部分化作一缕精神的馨香。

好的文字，是可感、可听、可玩味的，《粽子望故乡》《糯米怕过年》《茄子心里苦》《辣椒在尖叫》《烫饭是个小媳妇》……读着这样神性的标题，心中自有暗喜，恣意淋漓，想象的翅膀迅速打开，许多卑微的记忆立即复活、生动起来，阅读的快感油然而生。美貌与心机并重，侠义与柔情同在，灶头清点，坊间俚说，笔下飘彩不断，又有许多四两拨千斤的手段技巧，但是，少了宅心仁厚还真是不行。有了这些自甘藜藿的世俗情怀铺盘垫碗，何愁齿颊不能留香，心底不起瑶草之思？鲍鱼海参不炫其珍，青菜豆腐不惭其廉。世事无常，没有不变的流水，只有舌尖上感觉永不背叛我们，总是坚定地站在我们卑微人生一边。

人的一生离不开衣食住行，何况又赶上吃货盛行的年代，岁月、季节和日子，都会在舌上或黯自销魂，或神韵飞扬……好在唐玉霞是讲述的高手，无论是曾经的艰窘过往，还是眼前的奢华，都能徜徉其中，即使从明油亮芡中穿越出来，也还是花颜不改，亭亭玉立。如果说厨香也是天香，那她，便是一个天香染衣并能殷勤传香的文学女神的使徒。

江南鱼米乡

# 村上椿树

　　春至时和,花尚铺一段好色,鸟且啭几句好音。人呢?有点坐不住。和朋友一起拖家带口出去踏青,一路迤逦到马鞍山。闲花闲草、水声水色,山顶领教了余秋雨先生高悬的文章,朋友的老公说回去的路上有家饭店,菜做得呱呱叫,既然路过,不能不尝。

　　却遍寻不着,车子转到孩子们要饿倒,女人们要晕倒。泄气之余,只得打尖在一家小饭店门口。门口有个幌子,进去是院子,然后是餐厅,摆着一色八仙桌。店主是一对三十来岁的夫妻,最忙的午间已经结束,这时候遇到生意也是当玩来做。

　　下午一点多的春日暖暖,我们要求将餐桌放在院子里。八仙桌还有些桐油香。院子中间突愣愣栽着一棵树,我们在树下还未坐定,就连声叫上菜,强调要土菜。男主人说他家的鸡是本鸡蒜是本蒜,可以用高压锅熬锅本鸡汤,下几根嫩笋子。要不再来个香椿头炒鸡蛋?我家的香椿头也是本的。男主人从院角落里抄起一根竹竿,竿头上绑着镰刀,他眯起眼睛将竹竿对准我们头上那棵树,就是香椿树啊。刚刚长出来的香椿幼芽儿,一指来长,梗是绿的,叶子醉红,想是椿树沉醉东风,涌上了酡色。

　　当然不是不认识香椿树,除了两个孩子,这四个人都是进城后才将腿杆上的泥巴洗洗,香椿、臭椿,猪耳朵草狗尾巴花,不就是在这些草木里面滋溜溜长起来的吗?在家乡,春天的时候,我跟着邻居姐姐到野外去挖荠菜。春天的农家空荡荡的,人都下地去了,院子里少不了棵把香椿树。姐姐们会用钩子钩树上红红的嫩芽,我笨,不会爬树,胆子又小,负责满地下捡。一般人家的香椿是不让随便割的,可是真看到这几个镇子里的小丫头，顶多是抱怨我们割坏了树。农家人朴实，对城里孩子莫名地纵容。那些香椿树直溜溜往上长，矮处的嫩芽割了，真是天可怜见，有时候只剩顶上几撮芽，高不可及又孤孤单单。把香椿放开水中略焯后捞出切碎，鸡蛋打散成蛋液，与香椿混合后，加少许盐搅拌均匀，在热油锅里翻炒一两分钟就行了。做法简单，春鲜要的就是本色滋味。只是那时鸡蛋并不是常常有得吃，有时候母亲就把香椿芽洗干净，滤掉水码在小坛子里，一层香椿一层盐，封口后放阴凉处，入味了就能吃。母亲很高兴我采摘野菜贴补家里的餐桌，她的笑脸是最大的奖赏。有一次我一个人看到一棵香椿树上有好多嫩芽，且很容易摘，简直乐坏了，摘了满满一篮子，回家被狠狠笑话了一通，那是臭椿叶子。

臭椿的叶子并不臭，不知道吃起来是什么味道，从来没有吃过。

长大以后读《诗经·小雅·鸿雁之什·我行其野》："我行其野，蔽芾其樗。婚姻之故，言就尔居。尔不我畜，复我邦家。"我走在茫茫荒野，几棵婆娑的臭椿陪伴着我孤单的影子。因为婚姻，我和你生活在一起。你对我不好，我只能回娘家去。有一种无奈的悲凉。犹如那春天里一样发芽长大葱茏起来的臭椿树，无人问津，有点孤单。人们把臭椿树形容为恶木，说自己遇到椿树，是感慨自己遇到恶人。她的婚姻，不过是场噩梦。

一个人在春天里做了场噩梦，还有很长的日月可以醒来，重新来过。真的。

男主人笑嘻嘻地捧着香椿到厨房，给女主人打下手。很快就有一碗冒着热气的香椿头炒鸡蛋出来了。孩子们嚷嚷着，满满一碗眨眼就没了，只剩下碗底汪了几粒油珠子。春天的味道，那一刻从舌尖开始苏醒，慢慢体会一丝柔风，一缕暖日，一阵春雨酥酥的痒痒的清淡的却又丰腴的滋味。春天，就是这个味儿，而记忆，也是这样的味道。

　　一个漫长冬日忽然就有了补偿，浓厚得超过我应得的。记得陈丹燕说她来生希望做一株托斯卡纳艳阳下的树，我没有那么小资，偶尔倦怠，我希望做一棵故乡院子里的香椿树。朋友说，不如做臭椿，省了春天的刀刈之苦。我想我不是太介意那些刀砍斧斫，即使是一棵树，一生也不能什么都不经历，只是在太阳下面疯长吧。

　　过了谷雨，纤维老化，香椿芽不再能吃，可以恣意长了。也就跟别的树没有不同。

　　此时，阳光暖暖，小院悄悄，村头人家，微风过后，一棵椿树轻轻低语，让人懒懒的，像青天白日浮出的一场春梦。

# 红了苋菜绿了菖蒲

　　端午当日去菜市，也不是早上，正经买菜过节过日子的早就结束这一日程。看到了苋菜，红红绿绿在一只大筐子里。卖菜的小贩瞥见我目光逗留了一下，立刻笑容满面，很殷勤地招呼我，你看我的苋菜，毛软毛软。一把抓过去，如果是软的，证明苋菜非常嫩，如果有梗子硬硬地戳手，那就是老了。都知道老了的苋菜比较麻烦，得花时间一根根摘。我称了一斤，我是很怀疑这些苋菜年纪的，可是它们水淋淋地躺在筐子里，洗了个冷水澡一样，伪装的水灵里满是辛酸。一日不卖出去，一日就少不了这样兜头盖脸的冷水澡。反正需要一盘苋菜给端午应景，反正，也许，仅仅因为只是一把苋菜而已。若是可以，该给人一个台阶下的。

　　苋菜，是端午午餐必定要吃的菜之一。小的时候，将苋菜汁倒进碗里，染红了米饭，非常艳丽的红。然后将米饭全部吃了，当然要全部吃掉，碗里有剩饭长辈是要严厉责备的。可是不能将苋菜汁弄到衣服上去，很难洗，长辈也是要责备的。

　　故乡是一个小小的镇子，青石巷，木头门嘎吱作响，菖蒲和艾被斫下，无精打采地斜靠在院角门边，破脸盆里是它们的根，端午了，入梅了，雨水丰沛，不几日菖蒲的根就长出嫩绿的一截，男人们根据这一截新茬煞有介事地判断今年水情。夏日、暴雨、洪水，是小镇年年心头大患。斫下的艾晒干了备着，女人孩子有点小问题，艾叶烧水洗澡或者煮水喝，杀菌止痒。菖蒲像是花店里做配头一样，夹在艾里油绿浓淡很有层次，但是斫下后几乎全无用处，出气比进气多地深绿下去，你知道是那种逐日黯淡下去的挺沮丧的绿。有一年我到诸暨，在新建的中国历朝美女馆前水塘边，看到了菖蒲。和我记忆里端午的菖蒲不一样。后来才明白那是水菖蒲，还有唐菖蒲，菖蒲种类很多，有的可以入药，有的具备观赏性，世间的学问要学要问，越学越问其实越生出无限憾意，不懂的东西那么多，需要懂得的东西那么多，是不是抓紧时间？可是，人生已经过去那么多。来不及了。

下午，天是阴的，且闷热，说要落雨，也没有落。端午落雨，是涨龙船水呢。站在厨房里择菜，苋菜果然芳华迟暮，择择剩下一小把。炒苋菜我是会的，滚油入锅，落几粒蒜瓣就可以了。因为老了点，也因为少，一撮苋菜基本上我一个人吃了。没有什么特别的味道，苋菜是一种温和的蔬菜。特意染了半碗饭，红艳的饭菜，带着我童年岁月的温暖情意迢迢尾随了这许多个节日，不声不响，不离不弃，有点糟糠的味道。

我们是娇气，非得吃柔嫩得鸡毛菜一样的苋菜。有一年到六安，吃过一道炒苋菜，一大碗，火柴杆子粗细，嚼吧是嚼不烂，一狠心一仰脖子咽下去，简直割喉咙，那一夜我觉得它们根根威风凛凛地站立在胃里。也没有什么好奇怪的，各乡各俗，当地人还用油条红烧茄子，惊得我们这些自诩见多识广的人一下子闭上嘴巴。可是主人非常热忱，而且在座的本地人皆是大嚼，咕吱咕吱让人瞠目结舌，还一再让菜，我们也只好随喜随喜，吃了再说。老的苋菜梗子，据说是做臭菜的绝佳原料。人家将老苋菜随手扔到腌菜缸里，十天半月的，捞起梗子，吸吮出果冻一样的菜糜，据说是佐粥的佳品。这段典故汪曾祺老先生说过，郑板桥也说过。他们都是江苏一带的人，食俗差不多吧。我不知道芜湖人是不是这么吃老苋菜的，我只知道我们家臭菜跟苋菜八竿子打不着，都是腌的咸菜烂了做的。

"捧着一碗乌油油紫红夹墨的绿丝苋菜，里面一颗颗肥白蒜瓣染成浅粉红，在五月灿烂的阳光下过街，像捧着一盆不知名的西洋盆栽，小粉红花,斑斑点点暗红苔绿相间的锯齿边大尖叶子,朱翠离披,不过这花不香,没有热乎乎的炒苋菜香。"这段话是张爱玲的。李碧华说张爱玲是口古井,淘不尽。既然是井,少不了有人淘,也免不了有人刮点井壁的青苔,我这样连青苔也刮不到的,只好瞅人不注意到井沿上照照,看能不能照出个影子。

　　伤心桥下春波绿,红了苋菜绿了菖蒲,白了青丝黄了朱颜,流光容易地就这样催人老,才略略领会得世俗生活里点点滴滴的古风与暖意。

# 没你不行

端午在即。晚上从美食街过，看到卖绿豆糕的。来来回回已经看到好多次，随口问女儿。

以前女儿是不吃的，不吃粽子不吃绿豆糕不吃月饼不吃元宵，将这些节日食物上升到传统文化的意义上，她的根本不感兴趣总让我觉得有点遗憾。但是前不久，她忽然吃了一只粽子，一边吃一边将粽子里的红豆拨开，并且很认真地跟我说，以后不要在粽子里加这些东西。她已经快十岁了，对于自己的口味爱好非常明确也非常坚持。大概天天看到绿豆糕，让她有点好奇，她提出先看看再说。晚上七点多的美食街边，拉着昏黄的灯，灯下蓝色的塑料筐子里方方正正一层一层码着。桂花的、椒盐的、豆沙的、纯绿豆的。相比于现代食品的涂脂抹粉，传统绿豆糕卖相欠奉，尤其晚上，紫色的豆沙呈现的就是黑色，绿豆糕里一层黑魆魆的；椒盐呢，是绿豆糕表面上一层黑魆魆的。这一家更是因陋就简，连花纹都没有，就是平板一块。难怪不讨喜，女儿不是很热心，选了椒盐的。

也就吃了一块，一块都不算，将上面黑魆魆一层先拨掉，尖着嘴巴咬。看现在的孩子吃东西，莫名地就有一股子火起，衣食无忧的漫不经心。这样的绿豆糕我母亲看到了，一定又要抱怨。我记得小时候吃绿豆糕，中间隔了层油纸，油汪汪的纸，吃掉一层，将纸拎起来，简直要往下滴麻油的态势。这包绿豆糕里没有用纸隔，也就买了一层。而且绿豆糕干敷敷的，吃到嘴巴里没有润泽感，哪里还有多余的油恩泽四布？

绿豆糕按照理论讲是绿豆的，绿豆粉加糖加面粉加油加红绿丝等等,传统的糕点不外乎的模式,不过这油得是芝麻油,隔了几间屋都能闻到香气的麻油。绿豆糕不是很正的绿色,而是发黄。什么样的黄呢?比起芥末黄要鲜明一点,比起明黄当然要老成许多。是不是就是豆绿色呢?很多年前,这真当得起很多年前了,我在裕溪口工作,长日漫漫,整天就翻那些书和杂志。杂志有一本是《台港文学选刊》,习惯了教科书上一本正经的文章,乍一接触到台港文学是非常新鲜的。施叔青有篇小说,大概叫做《窑变》,说的是一对中产阶级中年男女的情感事务。女人是文艺女中年,在物质世界里打滚,但是念念不忘精神世界的一抹馨香。女人穿着calin的豆绿丝质衬衫以及同个品牌的咸菜绿裙子以及滚着苹果绿边的米灰小包,出席一个艺术品展览。看上去从容文雅,其实纠结。家里是个工作狂丈夫,身边有个有品位有见地对人生有微微倦意的情人,看过董桥的照片,骨肉嶙峋,要不是施叔青形容这个男人多肉的手,真的像董桥这一类人,热爱古董,讲究格调,沉迷自我。本来,过尽千帆,一切像窑变的瓷器,在支离破碎的底子上平滑地继续下去,滴水不漏。但是展览会上保持着文艺青年不羁心情的前恋人,对于她精致生活的鄙夷引爆了女人内心深处的愧疚。她在心的挣扎中完成着又一次的窑变。

不知道能不能成器。对于一炉膛瓷器而言,成功了,是精品,失败了,是废品。

但是执著于精神执拗于感觉也是一份难得的古典情操。古典,再不合时宜,其实还是能够安慰某些人内心深处,像只多肉的暖和的手,像豆绿,非关红紫不涉桃李,仍然留几分脉脉温情。现在的人大概不会有这些酸酸甜甜的困扰。不困扰,比较明白,明白了,也有点无趣。

年年的,端午中秋,已经淡到不能再淡了,只能借着绿豆糕月饼的早早出镜吊胃口。虽然现代人,真的不肯给面子,剩了一大半的绿豆糕搁置在冰箱里。一日两日,开冰箱都能看到,但是视若无睹。因为不缺,也因为不热衷,整个就是不在乎。随手扔掉有点过意不去,也不过是等到端午之后再扔,拖长时间稀释情感。这是件很无奈的事,我们越来越不在乎了。

　　但要真的没有?有你不过如此,没有你,也不行。

# 杯盘草草灯火昏

我说徽州的老村落已经看不到多少过年的乡风民俗,但是还是在过年的,因为我们发现吃饭成为一个问题。呈坎门口卖甘蔗的老人告诉我们,过年饭店不开张。从呈坎到潜口只有几公里,我们在潜口找到了饭店,门口停着好几辆车,那就是饭店。看菜点菜。锅里咕嘟咕嘟着兔子肉,我们要了份烧鱼块,炒紫菜薹,蒜白炒茶干,看人家桌上红红绿绿煞是好看,也照样来一份腊肉炒大蒜。几个女人叽咕了几句,一个女人出去,眨眼扛着只巨大的腌猪腿进来,那阵势立马将我们镇住了。女人将猪腿放到砧板上,削下一片咸肉。我们退出厨房,将场地让给下拨客人。不是因为君子远庖厨,看了,会吃不下去。

徽菜重油重色重火功。臭鳜鱼、毛豆腐,各种咸货,各种笋子。屯溪老街,除了茶叶店,就是砚台店,徽砚、宣纸让老街浓重的商业氛围里纠缠着挥之不去的书卷气。所有卖毛豆腐的都宣称是《舌尖上的中国》里介绍的毛豆腐,可是所有的毛豆腐都是灰白的,上面一层细密的黄色的毛,像蒸了多次馒头的笼屉布,压根就没有电视镜头里雪白的诗意。据说徽州人过年会吃馄饨,我们在一家叫汪一挑的馄饨店里一人吃了一碗馄饨,然后在斜对门一家烧饼店里买了一堆梅干菜烧饼。店主殷勤地递上名片,淘宝有店,喜欢请上淘宝。梅干菜烧饼的徽州特色和毛豆腐臭鳜鱼一样,是为了便于储存。从徽州的深山里走出,耗力耗时,随身的干粮一定要耐得住时间,梅干菜,本身就是腌晒后可以长期食用,梅干菜和肥肉丁一起做馅,烤熟的梅干菜烧饼咸香扑鼻,放上个二三十天没有问题,是旧时最适宜的干粮。

　　还有刀板香,你知道刀板香是什么? 其实就是蒸咸肉。咸肉和咸肉是不一样的,现在菜市场买的肉腌了除了炒莶蒿,蒸是没法吃,不香。徽州的刀板香一定是散养的猪,腊月前后杀了猪割了肉码了盐,起缸后挂在房前屋后晒,晒得透透的五花肉,要吃的时候割一截子,隔水蒸,咸肉下面放山笋,笋子吸油。或者饭烧开了之后放在饭锅头蒸。有刀板什么事儿? 刀板就是我们的砧板,其实没有砧板什么事儿。但是有好事者将咸肉放在刀板上蒸,或者蒸熟了拿到刀板上切。这里有个传说,绩溪人,明朝兵部尚书胡宗宪回乡时路过歙县,拜访老师,为了款待他,师母将咸猪肉铺在山笋上,放在刀板上同蒸,胡宗宪大快朵颐,命名此菜为“刀板香”,这个比较符合国人的习惯,一道菜一处风景都是有典故有来头的。还有个说法是将蒸熟的咸肉放在檀香砧板上切片,滚热的肉和檀香砧板零距离后,肉会吸收檀木香。也许的确如此,只是有点故作高端神秘的恶俗。我想好味道应当是日常饮食中偶得的智慧,在现代生活的舍本逐末中人间失真。我们在江村吃饭的时候,问刀板香,烧菜的女人告诉我们,那有什么啊,蒸碗咸肉。也许就是这样,生活本来就是这样,再多的噱头也无法掩盖生活的真相。当然,江村归旌德,这个江村女人要不是江村成为旅游景点,估计也就能给家里男人孩子烧个家常菜,她说的可以不作数。

　　可是在徽州,烧菜的都是女人,至少我看到的都是女人。这些街边的饭店里,女人们招呼客人,算账,端茶水,不知道她们的男人哪里去了。在绩溪,我们点了份一品锅,据说这是道徽州名菜,其来头可以追溯到乾隆爷。因为食单上打出的是“乾隆一品锅”,也有“胡适一品锅”,胡适是绩溪的上庄人。写《雅舍小品》的梁实秋在《胡适先生二三事》里写过:“胡先生在上海极司菲尔路的时候,有一回请‘新月’的一些朋友到他家里吃饭,菜是胡太太亲手做的——徽州著名的

一品锅。一只大铁锅,口径差不多有一尺,热腾腾地端上桌,里面还在滚沸,一层鸡,一层鸭,一层肉,点缀着些蛋饺皮,紧底下是萝卜白菜。胡先生详细介绍这一品锅,告诉我们这是徽州人待客的上品,酒菜、饭菜、汤都在其中。对于胡太太的烹调本领,他是赞不绝口。"胡太太江冬秀是江村人,她娘家和婆家绩溪上庄隔了个山头。从梁实秋这段文字里了解,所谓一品锅其实就是一锅杂七杂八的火锅,鸡鸭鱼肉蛋饺皮与萝卜混搭在一起。接待我们的女人已经蓬着头发,一看就知道是一忙就慌一慌就乱的人,她说,现在哪有时间做出一品锅,这个要预订,我们就是做,你们也没有时间等。她一指,厨房角落里堆着一摞子小铁锅,一品锅最标准的是四层,可以再加,加到九层。慢慢煮慢慢入味。门口一块空地,支了三张桌子,满满坐了一大圈人,对面一块空地,停了四辆车子,都是到此一游的过客,也不是做一品锅的氛围和条件。一大锅笋子烧肉是常备的,来人盛一碗,味道也不错,烧笋子,还是山里人家烧得地道。我们还是吃笋子吧。

我说过我喜欢"江春入旧年"这句诗,喜欢葳蕤与茂密催促着,虽然急景凋年,到底后面跟上来。我更喜欢"杯盘草草供笑语,灯火昏昏话平生",喜欢暮色四合,寒意落下,昏黄的灯光从木门里钻出来,我知道紧闭的大门内,是一桌子热气腾腾的饭菜,而我,是那个和家里人一起坐在桌边的人。我们吃着热乎乎的饭菜,家常的味道和琐细的回忆涌上来,在袅袅的热气和香味中抵达心灵深处。

# 炒米热心肠

　　炒米是糯米炒的。糯米淘净泡酥蒸熟晒干，反复晒，晒得焦干，不然存不住，会长霉。这叫阴米。阴米到炒货店里炒，灰白的阴米和黑色的沙子一起，炒货店师傅用大铲子不停翻动，停一停就会糊。眼见着阴米白了胖了，白了胖了膨化了的阴米有个新名字叫炒米。

　　炒米有两条道儿，一是做炒米糖，和糖稀花生或者糖稀芝麻一起混合，切片，这是过年零食工程的大项目；一种就是炒米，放到洋铁箱子或者坛子里，孩子当零食掏儿把放到口袋里干嚼，或者热水冲泡，都行。只是装炒米的箱子坛子得密封好，炒米吸了潮气就不脆了。不脆的炒米干吃没意思，又黏牙。

　　炒米一般派不上大用场，都是饿了垫垫饥。抓两把炒米，热水一冲，别看两把炒米有大半碗，一顿热水冲进去打回原形，小半碗。炒米真是不经泡，也不抵饱，只能暂时顶一下。热水冲泡的炒米腾起一阵米香，绵软起来。越是水温高，炒米越软，沸水泡出的炒米，用句家乡话，滑达达地，有人说滑达达地好吃，有人说滑达达地怎吃。口感和味道，真是千人千样，没有道理好讲。

　　汪曾祺写他家乡，炒米像英国人下午茶的茶点，有人用猪油煎两个荷包蛋，抓把炒米，这是美味也是上品，他说要是谁家天天给孩子吃这个，那是要被议论的。这种吃法太娇惯孩子，我记得小时候老人吃上面宽松一些，太娇惯孩子是要被邻居指指点点的，有的年纪大的当面就讲你，不能这样惯着孩子，肥田收瘪稻。那时候人心淳朴，人家水缸漏了，就是水淌不到自己家，也不会坐视。不过煎荷包蛋我记得在我家乡就算是一道菜了，实在连咸菜都拿不出来，要是家里还可以，煎个荷包蛋给孩子当菜也有偶或为之。来了客人会打蛋下面，有时候没有面条，就炒米打蛋，我们过年的时候到亲戚家拜年也会吃到。热水打两个溏心蛋，蛋五六成熟的时候冲炒米，舀勺子白糖，溏心蛋雪白，橙红色的蛋黄呈流质在吹弹得破的蛋白里流动，咬一口，蛋黄流出来，赶紧一口吞下，觉得应该是世上美味，因为太少吃，但是跟猪八戒吞人参果一样，也一直没有弄清楚世上美味的真正味道。

我喜欢炒米的味道，不仅仅因为是家乡过年的味道，也是因为有着一种温暖朴素的情怀。《板桥家书》说，乡下来了穷亲戚，抓一把炒米佐以两块姜，最是暖老温贫。这个我有体会，有时候我陪着外婆到乡下，乡下穷，再穷，也有一碗热乎乎的炒米，蛋不够，就冲蛋花，一只鸡蛋冲一大碗蛋花，嫩黄色的飘飘渺渺，泡两大碗炒米，一大勺子红糖，一定是谁家预备着坐月子的红糖借来了。捧着炒米碗的手粗糙黧黑，她们总是一脸歉意地说，二奶，乡里没有好东西，慢待你奶孙俩了。床上垫的是稻草，床单补得像打袼褙，她们的儿女或者孙子皱着红通通的小脸眼巴巴看着我们。我知道炒米是个热心肠。

她们到我们家，我外婆一大海碗面条，三四只鸡蛋，一大勺子猪油招待她们。不够再添。我的外婆也是热心肠。

我家乡的炒米还有一个大用途，就是给坐月子的女人吃。家里有怀孕或者新婚的女人，冬天娘家婆家就要多蒸儿屉子阴米，等孩子要落地了，赶紧炒两桶炒米备着。好多女人生完孩子吃的第一餐就是一把红糖几把炒米。据说是又补又不伤人。以前女人坐月子讲究多，这样不能吃那样不能吃，那个阶段的女人跟瓷器一样，易受伤落下终身毛病，炒米趁机跃居老大。坐月子的女人，一天要吃很多餐，饿了就得吃，据说饿着了后半辈子会落下诸如胃疼泛酸水之类的毛病。半夜三更的点火烧锅总是不方便。几只炒米桶就在床头。

一个月子要消耗多少炒米？各个女人的胃口不一样。总之，生了孩子报了信，娘家人送喜，稻箩一头挑一箱炒米，一头挑几百只鸡蛋，几包红糖，扁担头再挂三五只扑腾腾的老母鸡，这个女人不仅月子坐得实在，面子也是有光的。

　　说真的，几箱子炒米红糖吃下去，不肥上了头十斤是不可能的。加上老母鸡鸡蛋和天天睡了吃吃了睡，哪个女人一次月子不吹气一样？到此，女人完成了这一生的蝶变，从糯米一样粉雕玉琢的女儿家，到阴米一样羞涩拘谨的小媳妇，然后成了炒米一样粗声大气、虎背熊腰、大大咧咧的孩他娘，端起碗来呼噜噜吃饭，张开嘴巴哇啦啦骂人，一屁股坐在门口一边张家长李家短呱淡，一边撩起襟子就给娃喂奶，不管是不是一街走过的人都看着。

# 千丝万缕常来往

　　小区门口新开了家早点铺子, 我们要了碗牛肉汤面, 端上来只闻肉味找不到一星半点的肉影。老板说, 你要的是牛肉汤面, 就是光面浇牛肉汤, 哪里有牛肉。要吃牛肉, 你应该要牛肉面。再加三块钱。只好再要份牛肉面, 要不然根本就没有吃饱的感觉。粗茶淡饭的老百姓, 即使已经物质丰厚到腻了鱼肉, 潜意识里, 还是无肉不欢的。

　　要是活得比较有品位的或者深谙美食的人, 也许正中下怀。1951年, 穿着素色布拉吉的张爱玲参加一个旅游团到杭州, 在西湖边的餐馆吃面, 她喝光了面里的汤, 因为觉得那汤实在好味道, 将一碗面条剩在了桌上。这是不合适的, 她自己也这样感叹。从另一方面说, 面汤是很重要的, 甚至比面条本身要重要得多, 面馆是要在这上面大做文章的, 要不就是浇头上。

　　北方的炸酱面兰州牛肉拉面都很有名, 但是真正将面条吃出花样的应该是南方人, 就像将饺子吃成经典理所当然是北方人一样。口味清淡的素面、汤味浓稠的苏式面、香滑的沪上面条。去上海, 总要想法到沧浪亭吃碗八宝辣酱面, 里面的八宝是虾仁、香菇、笋、鸡肉、豌豆、萝卜、鸭肫、腰花, 比我们这里八宝菜的八宝可实在得多。如果赶上7到9月份之间, 可以吃上三虾面或者虾蟹面, 但是价格不菲, 精精致致一碗面, 要35块钱。吃是吃得起的, 就是觉得太奢侈。

　　当然比不上"舶来面"的身价。这几年, 意大利面条、日本面、韩国面纷纷登陆, 它们的价格都在国产面之上。一般40块钱左右一款, 大概将那样幽雅的环境也打入面条成本里面了。否则真是很难解释,因为分量也只我这样天天念叨瘦身的人够吃。如果你会煮面条，几块钱一斤面条，可以将一家子都吃得舒舒服服。即使是意大利通心粉、日本乌冬面，超市里也能买到，不过煮不出餐馆那个味，无论你的佐料配得多全。话说回来了，天知道他们那面究竟是个什么味才正宗。

说到煮面，就想起港台影视剧里动不动说煮碗面吃，他们煮的是方便面。方便面很大地方便了我们的生活，也大大地降低了面条作为美食的地位。再笨的媳妇也会知道滚水下面吧，只要不下生了或者熟到糊成面饼，放点油盐烫几把小青菜撒几根葱花，青青白白一碗面。方便面煮出来的是个什么东西，是不是有点审美疲劳？中国老话迎客的饺子送行的面，送别吃面，取的是面条是长的，常来常往的意思。如果是方便面，大概有扫地出门的意思了。这个世界人的嘴巴是越来越刁，人也是越来越懒了。

在芜湖，早餐来碗面条是很寻常很经济的，酒足菜腻主食来一小碗面压压也很常见。芜湖的面基本上是光面、炸酱面、肉丝面这样大众化的东西。虾子面是著名的本帮面，也不贵。但是我自从有幸到厨房里看了看，就没有吃的兴趣了：无非是下碗光面，舀一匙虾子搁上面，有个什么吃头，糊弄人。扬州的虾子酱油汤面更有味道。不过我们这里的鳝丝面也很有名，将黄鳝切丝下面，鳝丝面丝混杂，鳝丝嫩滑，面丝香劲，很有吃头。多年不见了，不知道是不是如今饲料养的黄鳝失了味。有一种很磨牙的吃面，将面条中间掏空了，不是意大利的通心粉，那比较粗，中国的面条都是倾向于细的，甚至龙须面，更是细如发丝。我不知道怎么将这样的面条掏空了，然后再将肉末等做好的调料塞进去。即使塞的是蟹黄，这一碗面条所费也可数，只是这做面条的工夫实在是不小。

那天看央视5套的体育人间，前女排队员苏惠娟专辑，她现在瑞士生活,中午做意大利通心粉给女儿吃,小姑娘不肯用叉子,要用筷子。苏惠娟说吃通心粉没有用筷子的,只能用叉子。小女孩反驳,你做的通心粉不地道,还是中国面条。有的东西是根深蒂固的,野火烧不尽,尤其是饮食习惯,无意间就带出来了。

# 香菜美人

香菜是个美人，和粉嫩水灵的小青菜相比，且是个资深美人，从二八佳人到半老徐娘，从姿容婉转到余韵绵绵。

进入冬月，江南家家都要腌咸菜。买一担小名叫高杆白的青菜，听名字就知道白色的菜梗长，是个长腿美人。青菜有老黄的叶子，有正壮实的叶子，也有粉嫩的菜心。剥掉老叶子，剥洋葱一样，只是青菜不是内心辛辣的洋葱，不是内心薄情的男子，不会让你流泪，一层层剥下来，黄叶子老叶子扔掉，或者喂猪，如果你有猪圈有一两只肥嘟嘟的猪。壮实的叶子切切碎或者整根盐腌，留下粉嫩的部分，最好最少的部分，这是做香菜的原料。

将菜心，菜的心加上心外面一点幼嫩的菜叶子，斜着切细成寸半至两寸长，洗净晒干。这个过程真的很累人。拎出两条条凳，担上门板，或者直接将夏天的凉床搬出来，砧板菜刀，弯腰撅屁股切香菜。技术难度不高，反正自家吃，卖相不是第一位的，所以我在十岁左右已经拎着菜刀切香菜了。切好了洗干净，继续铺开晒，摊在席垫子或者布单子上，晒皮掉后开始腌。晒过了水分蒸发太多，吃起来嚼不动，柴得很；要是没有晒到位，香菜在坛子里发酸变质，也不好吃。经验在这里起到了决定作用，食物的民间味道往往都是由经验决定的，所以往往也是可遇不可求的。

好，晒好的香菜拢到盆里，拌入食盐、辣椒粉、八角粉等佐料，揉，揉好了装坛压实密封储存个十天半月。食用时加麻油或炼过的香油，拌花生米、香干子臭干子丁，鲜、嫩、脆、香，可以佐餐可以佐茶，什么也不佐，撮两根到嘴巴里嚼嚼，越嚼越香。为什么叫香菜？就是闻着香，入口香，回味也是无穷的香。这个香是八角粉，是麻油香油，借助了几茎菜丝尽情发散开来，香菜和美人一样，要有时间和经历的酿造，才能成为有味道的美人，有内涵的美人，而不仅仅只是皮囊。

皖南一带，到了冬天，青菜成山成海，吃不了就要腌，大路货大剂量的咸菜是冬天早饭晚饭的主持人，香菜属于高端咸菜，过年的时候掀一碟子出来喝早茶，早晨做佐餐小菜，总不好意思一年到头早上都是端一碟子黑黢黢的咸菜出来倒胃口吧。芫荽、菠菜洗净过热水，挤掉水分，切碎，加香菜、花生米、油，过年大餐上一道爽口冷菜，最寻常，消耗也最大。也有人家嫌麻烦，或者嫌花费，直接将菜心一起腌咸菜算了，但是主妇们总是在意邻居会指指点点，连香菜都不做的人家，明显的是日子过得没心思没盼头的。孩子觉得委屈，男人也觉得没面子得很。

香菜属于典型的季节性食品，高杆白的好时光也就一两个月，过了年前年后那一段，香菜就没有了，一来菜心本来就比菜叶子少，不够吃，因为好吃更加不够吃，二来也是因为天气一回暖，香菜会发酸。酸了也要吃掉，但是酸了的香菜就不是另眼相看的美人，而是在生活的磨砺里走火入魔的女人，像《天龙八部》里的叶二娘，像《神雕侠侣》里的李莫愁。有人能够在时间和经历里羽化，有人却只能在时间和经历里沉沦，走上另一条歧途。

只是季节性满足不了人类的饕餮之心，也满足不了人类的逐利之心。我们总是相信，只要需要就能够做到。于是有商家大批量生产和储存香菜。好在切、洗、腌都还是人工，但是晒干来不及，于是用洗衣机甩干；储存也来不及。这两点在香菜的腌制过程中非常重要，晒，饱吸阳光的味道；储存，是为了让香菜更加入味，也是因为爆腌的咸菜含有大量的亚硝酸盐，对人体危害很大。同时为了保质期长一点，密封袋里的香菜需要加防腐剂，同时重油重味，仿佛为了掩盖体味，洒了浓烈的香水。大批量生产出来的香菜不像自己家手工做成的香菜，今年和去年的味道不一样，东家和西家的味道不一样，它们通过统一制作也统一了口径。我不是说这样不好，我只是觉得这样很奇怪。

香菜是个美人，美人去整容了，我有点不太认得出来。

# 雪里蕻雪里红

一蓬一蓬的雪里蕻长在地里，乡下人天不亮就下地割雪里蕻，不能头天割，新鲜的带着霜的雪里蕻才够精神，也才卖得上价钱。雪里蕻一棵一棵码在担子上，太阳还没有照进街道，乡下人挑着菜担子闷头走过青石的街巷，他们不叫卖，也不左右看，只是一溜急步子朝菜市场的方向去，肩上的担子不轻松。清寒的早晨，棉衣除下挂在扁担头上，嘴巴呼出一团一团的白汽。早就在心里琢磨着腌雪里蕻的女人们眼睛像针一样尖，站在家门口，开门、倒马桶、扫地，看着过往的菜担子，瞄一瞄，一把扯住某个菜担子的绳索，腌雪里蕻都是整担整担买的，开始讲价。一般总能很快讲好的，乡下人急着要赶回家，田里还有事，不想多耽误工夫，他们不是菜贩子，时间趁钱。女人们可不急，总要压一个称心的价格。讨价还价的声音，将冬天的早晨搅得热乎乎的。

雪里蕻是绿色的，一根一根大叶子伸展开来，雪里蕻边缘深裂的叶子像乡下女人的手，灶下一把田里一把，皲裂粗糙。讲好价，乡下人将菜担子里的菜搬进屋里，几张票子折好放好，拎着担子到门外，磕掉泥巴和几根掉下来的菜叶子，两只菜筐并到一起，挂在扁担头。乡下人觉出了冷，穿起棉袄，撅起扁担，菜筐子高高地在身后挑起，乡下人双手按着扁担这一头，溜溜达达往回走，一边东张西望，很悠闲。

我母亲开始忙碌，她将雪里蕻塞到大篾篮子里，拷到河边洗干净，得来回好几趟。洗干净的菜棵子晾到院子里，或者挂在悬起的绳索上，或者搭在春凳上，晾干水分。然后拿出大砧板大菜刀，拖出大澡盆，刷洗干净，抱一抱雪里蕻扔盆里，坐在盆边开始切雪里蕻，切碎了腌得透，也能整棵腌，揉一会儿撒一把盐，揉蔫了为止，这个蔫经验值非常高。最后装坛，我们那会儿，家家少不了几个腌菜的大小坛子，一边装一边用槌棒捣，尽量压实。腌雪里蕻的坛子是大肚小口，半人高。用几层塑料布将坛子口裹起来，用绳子左三道右三道捆结实，确保不透气，再放到阴凉的地方，比如厨房水缸边角落里，堂屋门后头，哪凉快哪呆着，不能放到炉子边或者太阳能照到的地方，半月二十天的就能吃了。这个时候的雪里蕻是绿的，时间一长，就是墨绿，然后一眼看上去，就是黑的了。

雪里蕻怎么吃呢？自古华山一条道，自古烧雪里蕻少不了肉挑大梁。雪里蕻是个苦底子，苦寒的冬天，苦咸的味道，非得加肉来滋养。切碎的肉末，肥多瘦少油水足，油锅坐火，姜片蒜瓣尖椒爆一爆，先下肉后下雪里蕻，咸辣鲜香，是下饭的小菜。雪里蕻是穷人家的孩子，只要舍得下油，他很快个子蹿上去了，脸盘圆乎了，眼睛雪亮。有一道雪里蕻烧猪大肠，猪大肠只有雪里蕻来就它，才不至于油得腻人。冬天的早早晚晚，雪里蕻是保留节目，没有肉的雪里蕻，有点苦，有点干，冷了蒸蒸了冷的雪里蕻，既不脆也不鲜，只是苦咸，搭一筷子头水辣椒，饭也稀里糊涂地下去了。

雪里蕻可以和豆腐一起做成汤。大雪封门的日子，连青菜们都冻得在菜地里一动不能动。豆腐还是有的，豆腐店不关门。母亲抓一把雪里蕻，嫩豆腐切块，一起下到滚水里，滚三滚，挖一大调羹猪油。我们舀豆腐雪里蕻汤泡饭，豆腐很嫩，雪里蕻很脆，豆腐很白，雪里蕻很黑，豆腐很淡，雪里蕻很咸，跟中国的水墨山水一样深浓浅淡，也跟中国的水墨山水一样清心寡欲。浮着的一层油花是中国山水画外溢出三两声牢骚。

《广群芳谱》记载："四明有菜名雪里蕻，雪深诸菜冻损，此菜独青。"雪里蕻泼皮，不怕冻不怕霜雪，所以又叫雪菜，最形象的叫法是雪里翁，独钓寒江雪的老人家。至于雪里红，大概是我花开后百花杀，不

要提花，菜们都冻得脱皮烂骨，独有此菜斗雪斗寒，一枝独放，它不红谁红？雪里红雪里翁，归根结底是雪里蕻的民间读法。过日子，总是过着过着将日子按照自己的理解过下去，雪里蕻成了冰天雪地里傲寒的红梅或者斗笠蓑衣在雪地里一路逶迤的老翁。

阴天下雪，天暗得早，人睡得早，得，就是这碗雪里蕻了。咬得菜根百事可做，苦日子过了就是好日子，再说眼见得过年了，油水足的时辰在后头呢。

# 粽子望故乡

端午是潮湿的，油绿的。

前几日，母亲就买好粽箬。不时也有乡下人挑着一担粽箬路过门口，粽箬尾搭在筐子外面，青石板上一路淋漓出湿漉漉的水迹。出门买菜或倒垃圾的奶奶们一眼看到，喊住担子买两沓。很便宜。再便宜也是钱。乡下人要是讲价，奶奶们的嘴巴跟剪刀一样，你就到塘里打，不要种不要收，一点子工夫钱，你是皇帝还是丞相，你的工夫就这么值钱？

乡下人一边整理绳索弓腰挑起担子，一边讪讪地说，只要花钱，你们街上人就觉得划不来。

我母亲有时候也会和街坊主妇们去附近水塘打粽箬，她那个时候正值壮年，虽然上班，但是精力还很旺盛。有时候耽误了，外婆就跟门口的奶奶们打招呼，看到有卖粽箬的担子喊一声。我的外婆这个时候已经一点视力也没有了，她摸着一沓沓粽箬，拿起闻一闻，说好。摸是摸宽窄，闻是闻气味。宽一点的粽箬包起粽子来省粽箬也省事，至于气味，要是有懒婆娘卖前一天打下的粽箬，就不是新鲜的气息，而是隐约有恶味。洗洗也能用，但是可以借此杀一杀价。

拖出一只最大的木洗澡盆，倒大半盆水，将扎粽箬的草绳子解开，粽箬泡水里。担一根扁担，拿只小板凳坐下，拿块抹布，将粽箬一片片担在扁担上，用抹布抹去污垢，翻过来再抹，抹好了剪掉粽箬硬邦邦的头子和细条条的尾，放到清水桶里养着。这事开始母亲做，后来我做。男孩子们不仔细，粽箬容易开裂，浪费了。那个时候日子过得真是俭省。

　　我的母亲天天丢了粪箕抓笤帚，却不会裹粽子。不过也从来没有耽误我们吃粽子，我的盲眼的外婆会裹。糯米红豆洗净在淘米箩沥水，糯米雪白红豆殷红，真是好看。扎粽子的绳子是家里缝被子的棉白线，棉线瓤，带不住劲，三根捻成一根用。外婆将两片粽箬并一起扭成圆锥体，有时候是三片，然后舀满米，伸出两根指头将米压瓷实，再补充一点，总要满满当当的，扭过粽箬盖上，嘴巴咬住一端线头，另一端扎起来。后来我看《舌尖上的中国》，包粽子的熟练工一天得包三千只。那是很袖珍的小粽子，在童年，我们认为世界上所有的粽子都是外婆包出来的二三两一只的三角形大粽子。

　　外婆包得很从容。阳光从泡桐树的大叶子里钻进来，落在外婆花白的头发上，竹布大襟褂子上，有点晃眼，外婆感觉不到。院子里青石是干的，但是缝隙里夜雨还没有干，泥巴地也是潮湿的。我坐在外婆身边，帮她递东递西，闻到她头上汗和桂花梳头油混杂的气息。虽然是唯一的女孩子，外婆对我并不以为然，她宝贝我的哥哥和弟弟，但是三十年之后，我忽然发现我一直很挂念她。

　　笤箕里的米渐渐少了，篮子里的粽子渐渐堆起来。母亲烧起大灶煮粽子，大锅大火容易煮透，热气袅袅升起，在灶屋里盘旋不绝。母亲从水雾里出来，拎着几挂煮好的粽子，送到邻居家尝新，绿色的水淋淋沥沥一路滴。邻居家煮得了也会送给我们。都是粽箬都是粽子，但是各家的形状味道是有差异的。我家的以个头取胜，总有邻居对外婆说，张奶你包的粽子最实在，个个像拳头一样打在肚子上。

　　这一顿饭是省下了。粽箬小心剥下来归置到一起，过两日洗洗可以再包，线当然也留着。一只筷子穿过粽子，大碗里放了白糖，我们将粽子尽量多地蘸满白糖，猛地咬下去。我喜欢刚出锅的粽子，棉线都是滚烫的，尖着手指头解开，糯米的醇香和粽箬的清香扑面而来，粽子外层泛出莹莹绿意，里面还是雪白殷红。冷粽子我一吃就消化不良，

却是外婆的最爱，六七十岁的老人家，一气吃两只冷粽子，一点事没有。左右隔壁都说张奶你是要做百岁老人的。外婆笑眯眯的，要不是后来家中变故，外婆应该能硬硬朗朗地活到八九十岁。

童年戛然而止，我们从小镇被连根拔起。外婆到林头乡下舅舅家，不久去世。她是多么不愿去陌生的地方和陌生的养子一家生活，这一念冷粽子一样堵在我们心里；我们兄妹和母亲一起被扔到另一处陌生的土地上。这些年来我觉得自己像一只没煮熟就揭了锅跑了气的粽子，别扭地夹生着，无论人世许我什么样的温暖，内心深处总有又冷又硬的一处会硌痛我。

日月如水，我现在也到了母亲当年的年纪，和母亲一样，我也不会裹粽子。外婆，三十个端午了，我们都不曾裹过粽子。浓绿潮湿的端午，浓绿潮湿的记忆，横亘在心里。粽子，她在望故乡呢。

# 冷奴

日本人称豆腐为冷奴，不知什么意思，非生命有机体，冷是正常的，奴，因为太廉价，其贱如奴？但是，一只小小的玻璃皿，以冰镇一方雪白豆腐，上面斜置一长柄金菇和一朵芫荽，真是非常优雅脱俗，这一客冷奴在日本几乎与刺身一个价，冷倒是冷，却是高处不胜寒。

其实豆腐在大多数人心中，虽上得了席面，但平民化多一些，类似于板桥家书中的炒米，饱浸暖老温贫的味道。早先，窘迫人家来了客，割不了肉，买两方豆腐，红烧了勉强端上桌。乡下办酒，置不起大块肉，就在海碗底先垫几层红烧豆腐，以假乱真，寒素人家勉力支撑的体面。早一二十年，偶尔去五香居，父亲会要上一盘麻婆豆腐，红红白白铺满平底碟子，还有一大碗散装啤酒，所费不多，又打了牙祭。家居过日子，豆腐多是油盐一烩，红烧。再就不外乎麻辣豆腐，又称麻婆豆腐，不过是有的地方多搁些花椒，麻起来，有的地方一个劲地辣下去。北京人炒麻豆腐，要放几个发了芽的毛豆，即青豆嘴儿，也就是个配头。豆腐是黄豆做的，此地加青豆，有些儿世同堂的意思了。

川人的麻我们吃不来，但四川火锅是越烧越旺，豆腐必不可少，也最奇妙，一块无滋无味的豆腐在热腾腾的锅里打几个滚，立刻就有滋有味了，像一匹白布，可塑性非常强。如果用冻豆腐吸进汁水，味道更好。现在冰箱普及，冻豆腐很易得。我小时吃冻豆腐，必得冬天，尤其是年边上，母亲一买就是好几箱，我们那里豆腐的量词为箱，放在筷篮里，挂在院中树枝上，用的时候掰几块，豆腐都冻粘在篮子上。豆腐冻得硬邦邦的，布满小孔，颜色大变，如果说二八佳人跟嫩豆腐似的，这冻豆腐就是老妪的脸，枯黄憔悴。那时冻豆腐多烧青菜，年夜饭上不

管七碗八碟，必有一盘青菜烧豆腐，青菜豆腐保平安嘛，不难吃，尤其
霜打过的青菜，鲜碧微甜，猛啖荤腥后很爽口。鲜花着锦烈火烹油到
底不是长久打算，细水还要长流。很本分的期望。后来在饭店也吃
过这道菜，家常菜不是登不上大雅之堂，不过在灯红酒绿中有些不伦
不类。

　　豆腐不唯丰富了普通百姓的餐桌，也令素食者包括僧尼不至太过
清苦。素菜除了冬菇、金针、木耳、冬笋、竹笋，主要靠豆腐支撑。据
说有素食馆将豆腐制成鸡鸭之形，虽然茹素不改，未免有些类似意淫。
用豆腐做成肉食状，《醒世姻缘》中也写过：一个下三滥的厨子将菠菜
苋菜捣烂取汁，染了绿豆腐红豆腐做成各种奇形，未见过世面的主人
还连连称奇，在家大摆宴席向客人炫耀，贻笑大方。

　　我的家乡有一款隆重的待客菜，俗称泥鳅钻豆腐。将泥鳅在清水中养几日，水中滴几滴油，让它吐尽污秽，取的是不剖肚开膛囫囵样。与豆腐一阵下油锅，泥鳅耐不了热，纷纷钻入豆腐，味道当然不必说了，只是杀戮气太重了些。好些年不曾吃了。

　　本以为豆腐是汉族人的专利，谁知不是，有一味地道的傣族菜，就是芭蕉叶蒸豆腐，以一片绿芭蕉叶裹以加了碎肉香料的豆腐蒸就，味道鲜嫩无比。这我是看汪曾祺在文字里写的，汪先生是个美食家，我读过他写的《食豆饮水斋闲笔》，闲话饮食，格调却不俗。他还介绍过一款苏北名菜，叫做朱砂豆腐，就是用咸鸭蛋黄炒豆腐，我试过，并没什么吃头，颜色寡淡，入口发干，豆腐的腥味也出来了，色香味没占一样，想想可能没有用高邮咸鸭蛋黄，高邮鸭蛋是有名的，蛋黄大且质优，非一般鸭蛋能企及。袁枚在他的《随园食单·小菜单》中就提过"腌蛋以高邮为佳，颜色细而油多……"

　　汪先生是高邮人。任何一款美味，总是有源头的，像一个人的成功，天时地利人和，细想想好像缺一样都不行。

# 干子本姓黄

江南产黄豆，哪里不产黄豆呢？只不过有大黄豆小黄豆的区别。黄豆磨成粉，点豆腐，做干子，压千张，别看黄豆不起眼，能翻出无数种花样。

光是干子，就够做顿不带重样的干子宴了。白干子、酱油干子、臭干子。先说白干子吧，不是我最喜欢它，而是吃它的亏最大。白干子没有味道，就是压实的白豆腐干，我上小学那会儿暑假，我妈天天买一摞白干子，用刀一面不到底地斜切，反过来从另一个方向斜切，切出来的干子叫做兰花干子，虽然跟渔网一样，但是不断，拉花一样可以拉开，放油锅里炸，炸得金黄，然后酱油、八角、盐、尖椒、香叶烩，是盘主菜。干子便宜，这盘主菜相对性价比高。温度渐渐高起来的中午，我在油锅前炸干子，那时候不晓得将干子沿着锅边往下出溜，而是一把扔油里，蹦起的油星子落到胳膊上、手上，立马鼓泡，然后红，接着褐，一个暑假，一溜泡，没个三五年消不掉。别和爹妈哭诉了，怎么这么龙现，我家乡骂人做事笨手笨脚不利索叫个龙现。

白干子的另外一大用途是煮干丝，这是淮扬名点。芜湖的耿福兴、四季春都有这道点心，至于味道的妍媸，那就公说公理婆说婆理了。煮干丝虽然相当考手艺，也考干子本身。此白干子不是我家油炸兰花干子的泡乎乎的白干子，压得更加板结实在，大师傅将干子切成细丝，用沸水煮开，浇鸡汤，拌上姜丝、海米、鸡丝、蛋皮、火腿丝，淋上麻油。逢到过年，我爸会做上一回，材料有删减，吃得再腻，煮干丝还是要大吃一碗。有时候干子皮没有买到好的，槽了，干丝容易切碎，过年不好骂人，不然我外婆一准不会不吭声，煮干丝最对她口味。人老了，吃东西捡软的下筷子，干子豆腐最对头。

酱油干子比白干子压得实，比做煮干丝的白干子皮压得实。这是加了酱油煮的，也叫茶干，不知道是颜色像陈茶，还是可以佐茶。同样一条水阳江，黄池的酱油干子咸、硬，一块干子横剖几片，切细丝拌花生米、香菜，拌菠菜、芫荽，不要下盐，撕成三五块做喝粥小菜也行，要是白口吃，就有点咸了。但是过年你去乡下，黄池人家堂屋的八仙桌上，除了糖果，就是一碗酱油干子一双筷子，酱油干子切成四四方方儿块，浇了麻油，串门的拎起筷子搛起一块吃个玩儿，他们的口味偏重。水阳江那一头做出来的酱油干子，颜色是淡酱色，手感是软的，味道有点儿发甜，尽可以白口吃，或者撕开放点水辣椒蘸，炒菜嫌软了不够筋骨不够香，不过要是煨老鸭汤，不妨放点水阳干子烫一烫，又软和又香。

所谓的一方水土养一方人。沿着青弋江往上，马鞍山采石矶的干子，到徽州深处的豆干，又是另一种景象。豆干原来就叫徽干。有一年我到章渡看吊脚楼，在一户豆腐坊里看到做蒲包干子。豆腐出净渣之后，一个一个装在小蒲包里，放到大锅里加上佐料煮，煮好了一个一个解开蒲包，这就是蒲包干子，干子圆圆的，上面有蒲包的纹路，这样的茶干每个都不一样，虽然费事一些，买回家看着倒是多了些古风，不过现在不太买得到了。

臭干子是黑的，不是纯粹的黑，而是黛色，跟徽州人家白墙黛瓦的颜色一样，咬开了，黛色的皮里面，还是雪白的肉。臭干子也是白干子沤的，豆腐坊里有专门的臭水来沤，这里面的学问就大了去了，涉及家族遗传，涉及知识产权，涉及古方秘制，对于做臭干子的人家，一桶老卤可能是从岁月深处迢迢而来。当然，现代社会没有什么机密可言，如今豆腐坊到处都有，安徽某些农村一个村子的人都到广州深圳卖豆

腐干子,一年几十万闭着眼睛挣。他们的臭豆腐卤水是自制的,其方法五花八门,不外乎一条道,如果是正道的话,就是发酵。臭干子和臭豆腐一样都是闻着臭,吃起来味道很特别,用来切丝炒水芹,或者拌蔬菜,芜湖尤其有名的是臭干子拌花生米,臭干子切丁,花生米去衣,搅拌到一起,淋上麻油,是道喝酒的小菜,因为香,因为有味,可以喝很久的酒。据说金圣叹临刑的时候跟儿子说,臭干子和花生米同嚼,有火腿味。真的吗?

臭干子不经放,早上买回来泛着明亮的黛色的臭干子,到了中午就黯淡了,一脸的疲相。加上味道实在是臭,两块臭干子能臭满一个院子,我还记得我爸每次回家休探亲假,我妈一早去菜市,会带回来几块臭干子,我爸炒饭,就臭干子抹水辣椒,甩起来两大碗,吃得很香很香,吃完了甩开膀子干活。

现在,白干子吃得少,油烟滚滚的嫌脏,也嫌费事;臭干子的名声被搞坏了,不敢吃,菜市场的臭干子也破罐子破摔,一片片颜色惨淡形容软沓,根本不想好;酱油干子古风尚存,支撑起干子的半壁江山,也支撑起江南饮食的一方风味。不要看不起干子,差了一块干子厚度,江南饮食大餐的桌子多少是不稳当的。

# 董糖

董糖是让人觉得暖和的食物。味蕾上沙沙的有一点粗糙，心里温温的有一点甜，我非常怀念的感觉。

我的小小的女儿，用胡萝卜一样的小手指捏住一块，放进嘴巴，粉屑屑地吃了一脸一脖子，然后伸出小红舌头把嘴巴周围舔一舔，她舔的时候用手扳过我的脸，要我不错眼珠地看着她，以显示她的本事很大，可以将嘴巴周围舔干净。这样的把戏玩两次，那包拆开的董糖她再不看一眼。拆了包的董糖吸收空气中的水分，很快就潮湿硬结。不拆包也存不下，这是个应景的东西，于人情上有时令性。

但董糖是我们小时候的所爱，用不着久存，没有什么吃的啊。过年的时候，带包董糖给长辈拜年，香案或八仙桌上撂得东一包西一包，它们没有名字，所以从东家流窜到西家。现在乡下还有这个习惯，所以每年我们能收到几包董糖，它们从冬天熬到春天，被遗忘是令人愤怒的，即使一包糖，也有自尊，某一天某个角落被发现时，它们已同仇敌忾地粘连成可以砍人的砖头。

我一直以为董糖是冬糖，冬天吃的糖。冷的日子，人对甜蜜感的需求特别迫切，在冬天吃董糖可不是件正当其时的美事。后来看一个朋友的文字，才知道正确的写法是董糖，是当年秦淮河边的美女董小宛嫁给冒辟疆后，为了伺候好冒辟疆，专门研制出的食品之一。难怪一枚枚董糖雅意徘徊如印章。董小宛是个风雅的女子，但是再风雅，女人所能取悦男人的手段依然原始，给他吃好喝好。不知道这招在多大程度上管用。对这个男人董小宛呕心沥血，她死得很早，二十七岁，倒是冒辟疆迢迢地活到了七十多。人老了嗜甜，没有了小宛，董糖还

是可以继续吃下去。

这样说董糖应是南京的东西了。反正都是江南，一床被子盖了。芜湖的董糖有点变异。有人叫豆糖，主料是黄豆粉，虽然也是一小块一小块的，但纯粹是模子压制成单薄的方形，拈起来立刻魂飞魄散，没一点筋骨。我家乡的董糖内瓤有韧劲得多，薄薄的灰白色长条，绕成有棱有角的正方形，敷着粉末，情状像中学时老师说散文的形散神不散。吃的时候我们喜欢把长条拉开，仰着头一截截吃。然后将包装纸对折再一仰脖，剩下的粉末全送进嘴里。送得不好会落到眼睛里，若是呛进气嗓，那就要咳嗽好一阵子。我们常常被一包甜得发齁的董糖咳得眼泪汪汪。

那个写董糖的朋友后来去外地谋生，不写这样的小文章了。可是我还是觉得他这样的小文章有意思。就像我觉得一枚小小的董糖比一桌子所谓的西式甜点，比一段所谓烈火烹油的日子有意思。腊月，乡下小店，或者货郎挑的箩筐里，包在玫红色纸里的董糖芳龄莫测，随意印染的黑色花纹模糊伧俗，是喜滋滋的伧俗。没有了董小宛，没有了冒辟疆，董糖只有一路低靡下去。低靡下去是好的，人间的烟火才是真切。

暮春的夜，一层一层吃着一包旧岁的董糖，一点一点地回忆青春岁月。时间将白的稀释成透明，将黑的沉淀到水底。那些透明不了也沉淀不下去的东西，就这样董糖一样窸窸窣窣，不能碰，一碰就四处飘散不可收拾。我的甜蜜的混沌的粗糙的青春。

# 老油条很绝望

　　"老油条"是个令人憎恶的词。我的小学同学中的一位,肯定不是流着黄鼻涕的张小军,或天天干干净净齿白唇红的王宝宝,他的学习成绩总是中下游晃荡,长得普普通通,有着跟年龄不相称的早熟,跟成绩不对等的聪明,是小聪明,却足可以让老师用厌烦的口吻对着这个犯了一百零一次规,却无所谓无动于衷的孩子,吐出重复了无数次的三个字:老油条。

　　没有人喜欢老油条,它代表了陈旧、无赖、经验丰富到金石罔效无可救药。可是,这肯定指的是搁置久了的油条。一根新鲜的油条,先从一团新鲜的面团开始,揉熟醒好捏成一长条,刀不歇气地一路下去,切成麻将牌大小的一块一块,这一块拉长,拉成十来公分,拇指和食指捏紧荡几荡,上劲,然后两头对折,再拉成二十几公分长短,投到沸腾的油锅中。米灰色的油条迅速膨胀变黄,在长筷子下翻滚着,直到膨胀到临界点,也金黄到临界点。然后,它从油锅里抖落一身烟火,在铁篱子上沥干身上的油珠,这个时候的油条新鲜、饱满、金黄,这是它一生中最好的时光,它攒足了全身的力气,它付出了所有的努力,要拥抱它短暂热烈的人生。可是,总有人被时间剩下,总有油条被口舌错过,它等啊等啊,等有人为它这一生买单,但是没有负担它一生的人。这不是这个人或这根油条的品质问题,更多关乎时运,你无法解释的无可奈何。

　　时间可以酿就一切美味,可是你也清楚,时间是一切美味包括美人的大敌。油条在饱餐了空气中的水分之后,渐渐由松脆到柔软,由干酥到潮湿——无法避免的,在时间江湖中走过,油条就这样从当红

"炸子鸡"到隔夜老油条。吃到嘴里，软、皮、韧。一口咬下，还得借助一点手劲才能撕扯断。也许有人喜欢，肯定有人喜欢，但是大多人不想挑战自己的牙口，口腔也深感不满：它藏在深闺也免不了被这不要脸的老油条死皮赖脸地调戏。

回锅。再从油锅里过一遍，拨动油条的筷子也有点尴尬，一如说过了再见电梯下去又上来真的又见，只是时间相隔太短。稍微滚两滚夹上来，金黄变成红黄，饱满变得干瘦，油锅吸收掉水分，比游荡在空气中时吸进去的水分更多的水分，油条更脆，脆得不能碰，一碰就魂飞魄散。金色的碎屑落了一地，油光光的，所落之处留下一片油渍。有时候，一根油条也有自己的想法，它要在这个世界上留下自己的痕迹，甭说一根有阅历有沧桑有见识的老油条。

不是非得再吃二茬苦重遭两遍罪。过了气的油条扯断了浸到白粥里，浸透了，油条很软、很软，几乎要柔弱无骨，它就是遇水可溶的面粉的啊。这个时候油条赖以闯荡江湖的香酥没有了，口齿间只有绵软的面香和油香。或者，因为油条的这一品质，油条可以做菜。比如我们小时候夏日当家的丝瓜汤。柔韧的碧绿的丝条载浮载沉，佐蛋可以，佐以油条更佳。饱吸水分的油条丰腴柔软，与丝瓜纠缠不清，面粉的柔和蔬菜的脆嫩，还有，揪一根油条，这一大锅汤就不用放油了。童年，油是有定量的，能省我的父母是要省一点的。而童年时代习惯的食物如今都是美味，因为承载了记忆。那些比美食还要美好的记忆。

齿白唇红的王宝宝后来做了摄影这一行，在家乡的某个文化机构，一度我在新华社的图片库里会看到他拍摄的当地新闻图片；拖着长鼻涕的张小军初中毕业回家种田，现在是农民企业家，他的采访专稿是王宝宝摄影的。只有"老油条"不知所终，初中没有毕业就跟着家门口的戏班子走了。某一天忽然感觉班里安静了很多，大家觉

得有点奇怪，过了几天才明白好几天没看见"老油条"了，后来再也没有见到"老油条"了。教室最后一排那个位置空下来，像掉了的牙迟迟没有长出来。据说他父亲不在了，母亲拉扯不了几个孩子，让稍微大些的他跟着戏班子，跑龙套也好学唱戏也好，自己挣饭吃去。然后就没有了下文。孤儿寡妇，一定是再也支撑不下去了，不然，过个三五年，"老油条"就能得力了。在他走后，班上又转来一个"老油条"。一样的嬉皮笑脸，一样的油盐不进，一样的目光冷漠举止早熟。每个班都会有这样一根"老油条"，好像就是为了让班主任头疼，让我们开心，因为"老油条"会跟老师对着干，会搞鬼作怪，又可怕又可爱。

那时候，我们还不懂这些"老油条"，我们不知道他们成为"老油条"是有原因的，相对于我们的简单，人世的雨打风吹来得太早太无情，没有长大没有长壮没有长成型，他们就开始苍老。要到很多很多年之后，我们才会明白，其实每一根"老油条"的后面，都经历了我们在那个年龄不曾经历的沧桑。"老油条"不是自己早熟的，是生活在很短的时间内以磨难催熟了他们。我们后来也成为"老油条"，大多数人都会如此，在时间里无一幸免，迟早而已。岁月老了。我们不能停留在童年，我们也不能在童年之后再度复制粘贴童年。最悲摧的是，我们未必有回锅的机会，不得不相继沦为一根软沓沓油滋滋皮松肉泡的老油条，在时间里打滚，一脸无所谓地内心绝望着。

# 小笼包要开口

《人民日报》2014年1月5日以《包子,朴实无华的美味》为题整版介绍了全国各地的包子,其中上榜的包括天津狗不理包子、上海小笼包、广东叉烧包、成都鲜肉包、武汉鱼香包、宜春大包子、沈阳长乐包、开封灌汤包、新疆烤包、扬州三丁包以及生煎包。"包"打天下,虽然文章名字还是朴实无华的《人民日报》风格,显见得更接地气了。

自从《舌尖上的中国》红遍中国,芜湖这一江南码头居然没有一款上得榜单,着实让一干认为天下美食都不如芜湖味道的芜湖人不爽——小笼汤包,不也是芜湖的一城一味吗?都怪公关不力,让别人占了先。芜湖人搅动着虾子面,拎起一只小笼包,边吃边牢骚。很多时候,牢骚是最好的小菜。

虽然饱腹填饥是大包,各种肥白丰硕的大包有淀粉有肉,热乎乎一个下去,基本上这个上午就不会头昏眼花血糖低,当然,大包显见得粗夯,如果稍有闲暇,如果稍够精致,芜湖人的早茶,是要一笼半笼小笼汤包才算正儿八经的早茶,是待客之道,也是善待自己。

以前看关于芜湖的书,像《芜湖古今》都曾经提到,反正写芜湖的美食乃至特产,小笼汤包都是不能不提的。原来我以为就芜湖有小笼汤包,后来去苏州,发现苏州也有,等我将唐鲁孙、车前子、古清生、蔡澜、汪曾祺等人的饮食札记拜读一二,并且煮成一锅粥,我觉得他们好像多都提过小笼包子。江南人的饮食嗜好估计都差不多,饮食方法也应相去不远。

现代人吃小笼汤包要戴一个塑料手套,像我们这里吃猪蹄子,是怕汤汁漏出来。有点扫兴,如同你吃螃蟹有人把肉剔好了,除非小孩,或者慈禧太后，还能吃得津津有味。轻轻提慢慢移，咬个小口，把汤吸掉。技术含量又不是很高。小笼汤包关键在汤，是用猪皮熬制的猪肉冻子，如果是正宗小笼汤包的话。我在这里就不赘言熬制包制过程，首先我不是内行，说出来的也是人所共知的大路话，其次也没谁打算自己在家包吧？还有，说和做的距离太大了，即使请某位小笼汤包的传人开出制作大全，你也做不出他那个味道。

小笼包子的馅巨重要，皮也巨重要。是死面擀制的皮，死面才有韧劲，也不会吸进汤汁，还要薄，薄到里面的馅红粉绯绯若隐若现，像纱罗裹着个佳人，"皮薄如纸，汤如泉涌"。不过很多地方你跟他说小笼包子，他拿来的是一笼小包子，发面捏的小包子，那个头和咱们这里的小笼包子一比，整个就是个相扑级别的。如果说我们这里的小笼汤包是个精致小姐的话，那个包子就是粗使丫头，而且是专管洗大件的。

在芜湖开个饭店即使是稍微有点样子的早点铺子，做小笼汤包是必须会的，也都是有的，水平也就参差不齐。皮子太厚，朽烂；馅呢，是猪头颈肉熬的，腥腻得很，汤汁也不饱满。如果一只小笼汤包，没有一肚子摇摇欲出的汤汁在紧致白皙的皮子里，如果不是用五根指头从包子头部拎起，一个包子一如一只坠着满腹经纶的逗号，轻轻放下包子，包子瘫软如泥，凑过去，咬开一个小小口子，汤汁们奔涌而出，赶紧猛吸几口，然后被满嘴巴的鲜香迷醉，这都是小笼汤包的必杀技，少一样，小笼汤包就是草台班子。其实这个也不难，虽然人不可貌相，但是吃小笼包子，看一眼，这家包子好不好吃就心里有数了。即使是金碧辉煌的五星大饭店，未必货真价实，不是白案师傅不上心，是有劲使不出。围着一条万年不洗的围裙的街边摊，也许就是身怀绝技的民间高手。包子好吃不在样子，果腹当然可以将就，喝个茶吃个早点，早点的形象就要讲究，食客有的是工夫跟你数一数包子上有多少道褶。

小笼汤包的精致该算是包子中的首席,但是小笼汤包的首席是蟹黄汤包。秋风老螃蟹肥,一款芳名蟹黄的小笼汤包闻风而动。新鲜的大闸蟹剥了,用蟹黄调馅,无法想象的鲜美,尤其是捏汤包的师傅有意识抹一点馅在包子褶上,他们说是为了便于区别,我觉得就是显摆,谁会把蟹黄汤包卖成鲜肉汤包?这是季节性的,不过如果你在冬天或者初春也能吃到,不是螃蟹生命力如此顽强,而是有的商家将蟹黄冷冻起来。不过说真的,吃蟹黄汤包要的就是那个鲜美味儿,冷冻过的虽然也鲜,到底差了很多,只能说算是差强人意吧。

我婆婆是乡下人，芜湖的乡下，对小笼包子并不陌生。那真是粗制滥造的小笼包子，馅就是猪身上卖不出价的槽头肉煮出来的；汤呢？如果一定要说有汤的话，就是兑了水的肉汤；皮呢，厚得对着灯也照不见里面的馅。我们带她去吃正宗小笼汤包，婆婆很惊讶汤汁居然这么厚，皮居然这么薄，馅居然这么嫩，若是有文化，我婆婆一准要像《红楼梦》里的刘姥姥说我们那里最巧的姐儿也绞不出这样的花来一样感叹，我们那里最牛的大师傅也捏不出这样小巧的包子。我们还特意要了蟹黄汤包，估计这首席被螃蟹接见了一下，之后没洗手就来招呼我们了。一般的店铺就是这种货色。

对于小笼汤包我没有什么感情，办公室有位同事对它情有独钟，且一钟多年，具体多少年？他说二十多年。从一笼十二只汤包八毛钱吃到如今一笼八块钱。二十几年每天早晨吃十二只小笼汤包，真是了不起。有人对着一个大活人都忍无可忍，他居然二十几年对着几只死汤包并且至今兴致不减。我看到他快餐盒子载着一笼小笼汤包，他插上电水壶，开始吃小笼包子，沿着包子壁咬一口，呼噜噜先喝掉里面浓厚的汤汁。小笼汤包一定得这种吃法，先喝汤再吃肉。可是这是个多么热爱小笼包子汤的人，总是先喝掉所有小笼包子的汤，然后水壶尖叫，他拿茶叶，泡茶，滚滴滴地喝两口茶，然后坐下来，一只一只吃包子。常常是，他在一边忙活，一溜儿十几只小笼汤包软软地瘫在那里，都开着口子，仿佛想说话，却总是欲言又止。

# 糯米怕过年

　　进入腊月了,该忙着准备过年了。先从哪儿下手? 捋起袖子,要是认真过年,免不得先和糯米打一架。曹操倒霉遇蒋干,萝卜倒霉遇稀饭。糯米怕过年,糯米的倒霉充满了宿命感。

　　蒸阴米。糯米真好看,我家乡人说好看的糯米是三粒寸,三粒一寸。淘干净,沥干。这个时候的糯米真真切切是素颜美人儿,雪白得耀眼修长得纤浓有度。然后上笼屉蒸熟。逢到腊月里,有笼屉的人家左右逢源,束之高阁一年的笼屉们洗干净灰尘,年深月久烟熏火燎,再用碱水刷洗也是黑脸乌嘴巴的邋遢婆娘。这婆娘一个腊月里走家串户,饶舌得不得了。屉布是口罩子拆开的纱布,这个还是用自家的吧,辗转来黄黄黑黑的屉布实在是不敢相信,好歹是进嘴的东西。

　　大灶猛火,蒸熟的糯米倒到凉床上,摊开,晾冷,然后晒干,要晒很多次,我家乡称晒干,一粒粒缩小了身躯、黯淡了颜色的熟糯米为阴米。阴米有两大用途,平时做炒米,过年做炒米糖,这个得等炒货店开张。

　　打年糕。年糕比起炒米糖,更加具有美好的寓意,年年高。糯米和粳米按照比例来掺和,要是够本钱,全部用糯米,我家乡觉得这样划不来,糯米比粳米贵。淘洗干净,浸泡,上磨子磨,磨出来的米浆沥干水分,刨成细粉,上蒸笼。蒸好了揉粉。就是将米粉团放到一个大石臼里舂打,一人舂打一人翻米粉团。估计打年糕由此而来。打好之后揉搓米粉团,再慢慢挤成长条状。一块好年糕的要求是细腻、劲道、柔韧,韧性十足之余不沾牙,回味清香甜糯不硌牙——这就对了。我看《舌尖上的中国》,看到宁波年糕美白如同艺术品很是羡慕,在我家乡,所有的食物都散发着粗制滥造的味道，年糕们也是如此。根本没有那些年糕模板来塑造年糕的形状，年糕们都是自由生长，吃年糕也是如此，不过是下到稀饭或者烫饭里，为不抵饱的烫饭稀饭增加干货，也是为了来年春天下田的人添把子力气。

　　当然，过年的时候，年糕的待遇是不一样的，将年糕切成薄片，热水下熟了加咸菜猪油或者青菜猪油年糕。或者油煎年糕，炒年糕最美味，香油、咸肉片葱蒜姜丝，爆炒。我不是抱怨穷日子，芜湖人都记得当年鸠江饭店一带一到晚上一溜红帐篷，炒年糕炒面皮热火得很，后来被取缔了。卫生是不大卫生，可是我们知道，好吃的东西都有点不干净。不要相信那些美丽的广告图片，那是PS出的美人。

　　搓元宵。北方人叫元宵，用箩滚手摇；南方人称汤圆，是用手搓成。我家乡应该是南方，却叫元宵，但是手搓的。这怎么说的？继续和糯米死磕，这个美人儿被折腾得够呛。糯米洗净，泡酥，石磨子伺候。有石磨子的人家门槛都被踏平了。石磨子用了几辈了，青石上花纹累累精神抖擞。磨子下放大澡盆，泡好的糯米放一边，一边转动石磨的木头柄，一边用勺子舀一勺连水带米的糯米投到石磨眼里。要是人口多，得老驴拉磨一样转一下午磨子。雪白的汁水从石磨中间流淌下来，淋淋沥沥。这不算完，将糯米粉定一定，用干净纱布包起来沥水，沥干水之后的糯米粉就是元宵粉了。脸盆里放着几大块元宵粉，上面覆着纱布，放到温度低的地方。要吃，揪一大块，搓成长条，长条上揪一小块，搓成圆形，就是元宵。我家乡的元宵都是实心的，没有现在这些甜的、咸的、肉的馅讲究。

　　年糕元宵都是将糯米粉碎，唯一尊重糯米形象的过年饮食大工程，是八宝饭。八宝饭是糯米饭配上八色果脯，比如红枣、核桃、莲子等等，还有红绿丝，各色装点在雪白油润的米饭上，要说吉祥，的确是又好看又讨彩，八和发也是谐音。我们最喜欢谐音了。做八宝饭最重要的一点是不吝猪油和白糖,大量地放,放到嗓子眼。

常在河边走,哪能不湿鞋?和糯米死磕除非你有石磨子一样的胃。八宝饭是过年的高潮。因为自从吃过八宝饭,我得用上好一段时间来消化那么多糯米、猪油、白糖,做八宝饭是花了血本的,消化八宝饭何尝不是。我们经常被一顿八宝饭终结了过年的好胃口,我妈年没有过完就急着找街头的接骨老戴家要食母生,治这几个熊孩子的消化不良。

# 炒货店

一进腊月，镇子的炒货店忽然之间冒了出来，春笋一样从去年消失的地方生长出来。街巷的某一间，有大灶，将槽门的门板一块一块卸下来，叠起靠在一边，大铲子、大锅、大小筛子，还有几个穿着深浅不一的旧棉袄的年龄不一的男人。像隔壁昨天乡下来卖两箩花生壳子的乡下大爷，像前几天街头来请街上大舅去吃喜酒的乡下外甥，不认识又眼熟得紧。

不要贴广告不要竖招牌，一年一度的炒货店开张了。挑着一稻箩阴米，搬着一脸盆花生米的主妇们络绎不绝，拉着稻箩沿或者脸盆边的是半大娃娃们，急吼吼要吃呢。家家都会来做糖炒花生米，可是这个先后对于孩子们来说太重要了。

炒货店开始热香弥漫，甜香四溢。主妇们备好原料，将糯米用八分开水烫过，摊开散热，沥干水分，带到炒货店，下到锅里，大师傅挥动巨大的木头铲子，三下五下，糯米发黄，铲起来放到细眼筛子里过一遍，将炒货店无处不在的细沙过掉。一边山芋糖已经熬好，加点白糖，不加白糖光是山芋糖不甜，很多人家加的是糖精，不要跟我说不健康，没得吃更不健康。将金黄的阴米倒进去，和糖浆们来个零距离。在我家乡，糖浆叫个糖稀，稀释的糖。铁锅铲在锅里搅拌，火候是糖坊师傅的看家本领，火候一到三铲子两铲子铲起，将黏合成一大团的米和糖放入一个四方木头框子里，木头框子放在担在长条凳上的门板上，赶紧铺平，然后用木制的圆形滚筒，比一般擀面杖粗短，来回用力滚压，将米和糖压平整压板结，这个时候米和糖也冷却了不少，开始变硬，糖坊师傅将木框拿开，嚓嚓嚓切成麻将牌大小，一气切完，不切完米糖冷了,容易碎。碎得多了,来做糖的主妇们是不会不作声的,她们就在找机会压一压做糖的手工费呢。这就是金黄香脆的我们家乡称之为蛮米糖。这个蛮大概是南蛮子的意思,硬,但是香。至于说炒米糖,是将阴米和细沙一起炒到起爆,也就是现在的膨化状态,大且白,虽然不够香,但是明显薄脆些,适合牙口不好的人,也将阴米的体积扩大了,也就是说更具有欺骗性和实用性,做米糖的路子还是一样的,不过可以加炒熟的花生做花生糖,加炒熟的芝麻做芝麻糖,什么不加做炒米糖,或者是将炒米和糖混在一起和匀,不上木框,直接用手搓,搓成圆的,再点上点红色绿色,这叫欢头。乡下过年是新婚的小夫妻要备的回门礼。

　　如果你要做炒米糖,还记得要带上个香油瓶,润油锅用,用得不多,但是炒货店的师傅不提供。

　　做糖是大头,附带的也要炒点花生米。将做花生糖捡过的花生,大粒的,在家里用盐开水或者糖开水泡一下,晾干,带到糖坊里炒一炒。糖坊都是大锅,都是一样的塞草把稻壳子,师傅乐意炒大宗物件,但是总有些老婆婆要炒个斤把两斤阴米,不做糖,没牙吃不动,就炒个炒米有时候嚼两粒嗒嗒嘴,大师傅虎着脸,很不高兴,可是也给炒了,半铲子东西,还得细细过筛子,要是有几粒沙子磕了老婆婆仅有的两只牙,叫你腊月里生意做不安生。

　　我爸不知在哪吃到一种糖,是纯用糖浆和花生做的,没有炒米什么事。我妈那年好好难为了炒货店的大师傅一回,他说他做了几十年炒米糖,就没有这种做法。是啊,这几十年,他都是在这里做的,他做的就是这几样。后来到底也做成了,不过着实费糖稀费花生米,很不划算。没人家这样做,都希望用最少的糖稀最少的花生米做出最多的花生糖,炒米是个主角啊。我妈说今年做糖太吃亏了,即使是吃进肚子里的亏,我妈也觉得很痛心。为了将装炒米糖的洋铁箱装满,这个每年都是要装满的,不然就是对我们的虐待,又多花了一笔糖稀钱和手工钱。我外婆摸了一块新产品放到嘴巴里，半天没有吃动，这种花生糖比运漕街头著名难啃的蛮米糖还要难啃，在嘴巴里裹了半天终于不得不放弃，她对我妈非常不满：跟你讲男子汉的话不能听，你就是耳朵软。注意，男子汉三个字在这里的发音非常不一样，平时我们说的男子汉三个字音高频率都是平等的，我外婆说出的男子两个字短而紧密，子是男的附属音，汉拖得较长，发音较轻，表达了一种不屑。天地良心，我外婆对我爸没有什么不满意的，但是这个时候她就是这么说的。

而且炒货店的大师傅逢人就说，此后街坊间传出一段谣言，说老唐家发财啦，做糖都不要炒米了。我妈着实担惊受怕了好一阵子。

# 开油锅

过年，平时再会过日子的人家，譬如我家对门的林奶家，日常炒菜只用插在油瓶里的鹅毛掸一下锅，到了年边上，也是烈火烹油的滋啦啦响着，油烟滚滚油香滚滚。

炸圆子、炸熏鱼、炸小扎，哪一样不需要香油来洗礼？定量香油不够？总有乡下的七姨娘八舅母拎瓶把香油上来。我家乡的香油就是菜籽油，俗话里的香油我家乡直接称呼麻油。

炭炉子上，炒锅里，大半锅香油。首当其冲是炸圆子。肉圆子、藕圆子、糯米圆子。糯米煮熟了，稍微冷一点，加盐，拌入大量的葱花，搓成圆子，放到油锅里炸。刚出油锅的糯米圆子滚滴滴地烫，钻鼻子地香，透心地糯，我妈知道我们的小心思，用筷子揇几个起来放到碗里，拿到一边吃去，别在油锅边蹿来蹿去，油烫着不是小事情。藕圆子。洗净的藕用藕擦子擦成藕糜，藕擦子是铁皮做成，上面用钉子敲出无数个洞眼，捏住藕对着凸出的钉子孔使劲摩擦，藕糜从另一面冒出来。将一盆藕糜，那会儿我们家脸盆的用途远不止洗脸，一脸盆藕糜加盐、葱，搅拌后搓成圆子，下油锅炸。藕圆子没有糯米圆子香韧，但绵软也是一大优点。最后炸肉圆子，其实炸肉圆子并不费油，要是肥肉的比例太大，油会越炸越多。为什么不先炸肉圆子？过年切记要少说话，嘴巴的功能最好单一到吃，安全系数比较高。但正是因为先炸糯米圆子和藕圆子，保证了糯米圆子和藕圆子的纯正。猪油，尤其是肥肉里滋出来的油，遇到糯米和藕，跟小鲹鱼一样，总是有点儿捣乱的意思。

纯粹香油炸出来，其实藕圆子糯米圆子也就这个时候最好吃。下回再见是饭锅头的搪瓷盆子。蒸透的藕圆子糯米圆子虽然油乎乎的，但是不脆不香，它最好的时光是短暂的，而且生不逢时，和它们一起出场的是肉圆子。

肉圆子是大戏，是黄金女主角。将瘦肉肥肉剁成肉糜，香葱也剁进去，生姜也剁进去，统统剁成肉糜，我老爸左右开弓拎着两把菜刀一阵子剁。那只从桂林带回来的铁木砧板被剁得一阵阵乱颤。剁好肉糜，加豆腐，当然纯粹的肉圆子更受我们的欢迎，但是一来的确很硬，外婆吃不动，更重要的是肉太贵，肉的数量有限，而用有限的肉炸出尽可能无限的圆子，这就要添加一些东西，对，豆腐。可是豆腐的添加也是有分寸的，少了，不足以表达出添加的意义，多了，圆子会馊，据说豆腐很作馊。就像有的人喜欢惹事一样。

我还记得我爸搓肉圆子，不是搓，是从虎口挤出来，轻轻丢进油锅，虽然一年只炸一次肉圆子，动作娴熟轻盈。我们都很想尝一个，但是肉圆子一般是炸的大半熟，要熟透了得好好炸一会儿。我们不敢在厨房逗留，因为你不知道随口一句话可能就招忌。比如什么火大了火小了，圆子多了少了扁了，你正吧唧吧唧那儿说呢，老妈刷过来一筷子头，稳准狠。

轻易不会坐一锅油，既然坐上了，该炸的不该炸的都炸一炸，那就再炸一锅小扎吧，我们叫小扎，读轻声。将面和好揉好，摊薄折起，切成两厘米宽，抖开了再切断成五厘米长，下油锅炸成金黄酥脆。这就是小扎。因为很费油也因为很好吃，耗费特大，我们当然喜欢吃，我们什么不喜欢吃？重要的是我妈喜欢，我爸上赶着炸一点，他和面揉面动作又麻利，我妈还半推半就呢，我爸已经和上面了。一年到头我爸都不在家，不赶着这个时候讨个好卖个乖还想不想日子过？前几年我在妇幼保健院门口等车，看到边上有个叫四季春的小店，玻璃柜里有小扎，买了半斤回家，我妈现在也还是喜欢，没事嚼两根，就听到咯吱咯吱声。这个东西要想偷嘴是不成，吃一根好大的动静。

　　还要炸熏鱼。不过这得另起油锅。炸鱼后的油腥气,只有平时烧菜用。炸圆子的油可以倒进放肉圆子的小坛子里,将肉圆子养到来年的二三月里都不坏。炒青菜放几只肉圆子,又有油又有肉,省了不少事儿。街坊邻居谁不说老唐家会过日子。我妈是个勤俭持家的主妇,也顾惜着一家子老小,靠着那一小坛子肉圆子吊着,把我们兄妹三个养得壮壮实实。这么多年过去了,一身膘都没跌下去。

# 办年货

好了，我们现在开始办年货吧。

母亲扎紧头巾挑起那副漂亮的皮稻箩，年轻柔韧的腰肢稳稳当当。她是去隔街炒货店做糖，排了一夜队才轮到。稻箩一头是蒸熟晒干的糯米，一头是花生米、白糖、香油，要是那年有口福，还有两斤芝麻。晚上我们就有香甜的蛮米糖、花生糖、芝麻糖吃了。这可是我们过年的头等大事。新衣服也是念念不忘的，裤子或者褂子，总能有个件把，母亲扯了布径直送到街坊郭裁缝家，郭裁缝知道我们的尺寸，哪天我们不上他家淘气一两回？那阵子驼背郭裁缝整天埋头哒哒踩缝纫机，年三十之前他怎么也要把衣服赶出来，要不然他家二小子一准头上长毛栗子。

我们那会哪知道计较好赖，有得吃有得穿，这个年还有什么不心满意足的？

大人的年货筹备刚开始，妇道人家逢到过年这样的大日子就有点没脚蟹似的乱，母亲天天念叨父亲。父亲在外地工作，非得腊月二十几年擦了眉毛才进家门。母亲顾不上埋怨，整晚唧唧咕咕和父亲商量买这买那，她怎么还有那么多年货没办？说得父亲都没空跟我们亲热。第二天，我们总是在母亲的喧哗声中醒来：什么炸圆子的肉还是买少了，鱼肚子里好大块冰坨，捆菜的稻草绳子足有二两重……抱怨归抱怨，父亲回家了，母亲的抱怨里也有喜气。一个上午，母亲就往两个大木澡盆里倒上几篮子菜，还有干子豆腐油盐酱醋，母亲扒几口烫饭又出去了。这样密度很大的采购一直要持续到年三十的早市，父亲神色笃笃地在厨房收拾年夜饭，母亲还在慌慌张张一篮子一篮子往家里拎。

随着澡盆装不下，堆到厨房一角，我们知道，过了年我们又将有很长一段时间吃那些蔫了的青菜酸了的豆腐以及空了心的萝卜。母亲终于在旧年最后一次早市里买到了称心的提年鱼，她一边拎出来给对门的汪大妈看一边抱怨：这么条鱼还卖一块二一斤，三十晚上到了真是抢钱呐。

　　这句话母亲年年讲，母亲当家过日子很仔细。现在是我当家过日子，这句话母亲还是年年讲。

年轻人对过年没什么兴趣。两个人两张嘴插到哪家吃几餐算完事，压根就没有办年货的念头。等到孩子出世，母亲跟我一起过，无论我们怎么无所谓，也终于在母亲坚持不懈的絮叨声中把无所谓搞成郑重其事。先是在腊月下旬的某个晚上在母亲的第N次提醒下冲向超市，都说现在年味淡，但是进了超市你就知道这个论调是胡扯淡，看看收银台前久违的长队你才明白咱老百姓对于这个传统节日被引爆后喷涌而出的爱，人山人海的热闹劲，看着就热血沸腾了，我们采购的热情终于被点燃，结果买几样意思意思变成浓情大采购。母亲是连电饭锅勺子都要顺带一把，给出的理由是万一过年的时候找不到，备一把捞到就是。就这样，厨房一夜暴肥，冰箱终于关不上门，我们目瞪口呆地发现钱包水洗一样。

然后母亲开始孤军奋战。她不声不响往口袋里塞上几个大方便袋奔向菜市，然后歪歪斜斜地拎回来鸡、鱼、肉、豆制品、蔬菜……我知道童年一度中断的日子终于在这里接上了头。春节之后，我们将又开始一段漫长的吃蔫了的青菜酸了的豆腐以及空了心的萝卜的日子。年年如此，乐此不疲。有一年我们家储存的大芹菜一直驻扎到二月二，每次打开冰箱看到它们以人参的气场盘踞我就怒不可遏。这样的日子固然事后觉得是自找麻烦，忙碌里却也有点缱绻之情，我们总是开玩笑说母亲积习难改，顺带提起以前父亲在世时过年的情景。我们，尤其是母亲终于不在过年的时候心情悲哀，终于会笑着说起父亲，虽然心里免不了会酸酸的。真的，缺了亲人，过年的快乐是要大打折扣的。

今年的春节就在眼前了，母亲又开始着手办年货。对于母亲来说这更是个回忆的过程，在回忆里也许她比现在幸福。对我们而言，有母亲张罗着过年，心里是踏实的。那就什么也别说了，我们就等着过年吧。

# 狮子头

在菜市场的早点摊上看到了狮子头。

不是肉狮子头,肉糜加面粉搓成,躺在婚宴的席面上,完成一次礼节性的出场仪式——各位来宾,大团圆之后就是散场,您可以走了。就是纯粹的面粉,类似于花卷,不过花卷是发面,蒸出来胖大些,狮子头是死面捏成,油锅里炸了,个个钢筋铁骨嘎嘣脆。在我的家乡,它们也叫狮子头,比起肉头肉脑的狮子头,气质上更有神似性。

可是虎毒不食子。嘎嘣脆的狮子头,咬开了,里面是柔软的面心。我小时候,家里留宿的客人,第二天早上要买早点招待。巷子尾有两个早点摊子,一个是做烧饼的老夫妻,一个是卖油条、狮子头、糍粑的中年夫妻。烧饼是我们喜欢的,当然我们更喜欢油条摊子,又香又脆的油条,又香又脆的狮子头,又香又糯的糍粑,油水那么足,在一人一月定量供应五两油的年代,对于清寡寡的肚子,拔苗一样蹿个子的童年,油水就跟庄稼地里的肥料一样重要啊。

面粉揉倒揉好,加料,这个料是拌了香葱盐和油脂的,这样炸出来的狮子头咸津津的脆香。因为狮子头跟油条不一样,油条是舒展开的,炸得快,狮子头是紧凑地抱成一团,得在油锅里几起几落,据说耗油也就格外多,卖得比油条贵。大概也是油锅里待的时间越长吃油越厉害,所以狮子头们都不会炸成透心脆,我们在吃完了香脆的外层之后,里面是黄黄的面心,很软,咸味儿,适合牙口不好的老年人。对门邻居汪爷爷每天早上会买两个狮子头喝早茶,他掰掉脆脆的外层给孙子们吃,自己吃面心。我们的外婆也是这样,外婆的牙还好,但是狮子头冷的时间长了,就不是脆而是硬了,外婆也不敢吃。卖不掉的狮子头第二天回锅再炸，两次锅一回，狮子头里里外外吃透了油，脆得不得了，我们非常喜欢，虽然看上去个头要小一些。我们吃到狮子头的机会是比较少的，因为即使招待客人，一般儿根油条配早上的粥甚至烫饭，也就敷衍过去。除非客人又多又重要，买的数量和种类也要多，我们才有机会。说着说着就忆苦思甜起来了。

后来还吃到过袖珍狮子头，很小个，形式倒是一样，我和弟弟到市里参加招工考试，投宿在亲戚家，是我父亲的舅舅，可是父亲已经去世好些年了，到我们这一层，算不得什么亲戚了吧？留宿了我们，不热情也不冷漠，只是淡淡的。早餐是一锅下了年糕的粥，桌上有红通通的豆腐乳，还有一碟子小狮子头。我和弟弟一人喝了一碗粥，然后就出门参加考试了，中午在考场一人吃了两只烧饼，不是亲戚没有招呼中午去吃饭，而是知道，这招呼里真情有多寡淡。少年的心应该是更加敏感的吧？

第一次看到那么小的狮子头，但是都没有吃。再过了几年，我和弟弟先后到了芜湖，就业安家。发现小狮子头是芜湖的早点之一，因为小，炸得很透，也是因为小，所以总觉得没有早点的郑重，零食而已。很少去买，为什么买这个？连正经的油条都极少问津，都说不健康，那油炸来炸去从前唐炸到后汉，简直可以算物质文化遗产了，而且也远，又不是当年出了门三两步，上楼下楼的。时间长了，也就想不起来了。

前几天到报社对面的菜市场，看到烟熏火燎的有人在炸油条、糍粑、麻团，还有狮子头。和所有的街头摊点一样卫生堪忧，也不健康，摊子跟前站了会儿还是走了，结果一天都惦记着，说不清惦记啥，第二天径直买了。狮子头个头比记忆里小，颜色也比记忆里深，不知道是不是油炸过头了，居然掰开了连里面的心都炸透了，不吝油了还是昨天的狮子头回锅，要不就是芜湖的狮子头都是炸得透透的？酥脆是够酥脆，嚼起来嘎吱嘎吱响。

　　就这样，老鼠一样嘎吱了一个早上。嘎吱完了，牙巴骨开始疼了，心里的惦记倒是搁下了。不管我们怎么努力，我们是既回不去，也无法将过去拽来。那就像回锅狮子头一样，散了吧。

# 阳春有野食

过了年，天气稍微有点和颜悦色，饭桌上的那碗青菜就有薹了。先还是细瘦伶仃，很快就粗了腰肢，撕去外皮简直就是个白胖子。

春天，是荠菜妖娆的季节。春雪融尽后我带女儿去挖荠菜，还有一把很钝的铲子。坐车过长江大桥，我知道荠菜是个行者，到处挂单，但是关于它的记忆都在江北，甚至更远。舅舅家在江北，过小年去看见灶间一大竹篮荠菜，我们带回家包荠菜饺子摊荠菜蛋饼，很香。今天的荠菜在乡间不太受欢迎，除非有人挑了拎到城里卖。舅舅老了，挣不动外面的钱，就在家里田头的忙乎，整担的荠菜，说他是给猪吃的。

但是我和女儿没有挑到几棵。对于野菜我们习惯说挑而不是挖，挑比挖多了点轻盈的身姿和心情。田里劳作的大妈看着我们母女笑，说荠菜薹都多深，老了，挑回家也吃不动。女儿拿小铲子到处铲土，有很多不知名的野草长得很茂盛，大妈歇下来告诉我哪些可以吃。七七八八的，我们也挖了小半篮子回来。野菜最不济就清炒，多放油，有高汤更好。风餐露宿的，野菜是个苦出身，非恶补不行。

三月笋肥。据说笋是春天的菜王。山脚路边瞅瞅，可以摘到幼细的春笋。小笋条放进汤里炖，嫩鲜非常。我们家是很少用笋烧菜的，假如我们不是趁着春天玩玩闹闹采点来，母亲一年到头笋不进门。没有办法，这是她的习惯。弟弟一家比我们有生活情趣，我们去混饭吃，常常吃到时令菜。冬笋怎么吃，春笋怎么吃，弟弟和弟媳妇都是一套一套的。我点头，不过东耳朵进西耳朵出而已。倒是把那碗笋丁咸菜吃了个不亦乐乎。

笋子溜溜达达地走了，然后是香椿头施施然来了。乡里香椿树很多，当然臭椿树更多。我也不太分得清，必定先问一问。养香椿的人家不给你打的，找了一个村子，带女儿忙活了半天也只弄到了一小把，树主人看着笑，后来帮我们又打了些下来，都是付钱的。好歹凑合着能够吃得着了。香椿头拌臭干子是道好菜。但是现在臭干子来历不明，吃起来都有些惴惴然。

我们家最应景的春膳算是蒌蒿吧，炒咸肉丝或者香干子。但是现在蒌蒿一年到头都有，大棚把季节模糊了，这景应得虚。

最应景的是青团子，比元宵个大，鲜绿鲜绿，用麦汁和面蒸制而成，清明左右上市，和春卷一样很有古风，其实是南京苏州一带的，近两年吹到了芜湖。我刚才从元祖蛋糕店过，看到了艾草青团的广告，春天也有艾草？实在是喜欢艾这个很江南的字，我是很容易被这些小情小调诱惑的，忍不住买了点，有点青香，是青而不是清。融汇的四楼也有过卖，一块钱一个，只是绿得太虚情假意，它们触目惊心地绿瞎了餐桌，人人都满腹狐疑，酝酿不出问津的勇气。

好在江南春短，吃吃蒌蒿、香椿头什么的，菜薹就老了，带了黄色的菜花，进嘴有股子苦味，酷爱青菜的母亲终于也放弃它了，春天也就过去了。

春风几度，流年偷换，醉里乾坤，一杯千觞，对酒当歌，话，就不说了。

有味是清欢

# 茄子心里苦

照集体照的时候，常有一人喊"一二三，茄子"。于是大家伙均作呼茄子状，摄影师一摁快门，照片上人人嘴角上翘喜形于色。

真正的茄子却是个苦歪歪的东西，让人生不出好感来。我是不吃茄子的，红烧清蒸统统不感兴趣。尽管到菜市，有新鲜茄子紫澄澄精神饱满的发着光，也从不会多看一眼。酸甜苦辣咸都不怎么沾边，说香脆爽滑就更不着调啦。软叽叽地瘫在嘴里，被调戏了一回似的。意识里总觉着再也没有比它更浮皮潦草、气泡鼓胀的了。那么臃肿，像个穿着紫缎子长袍的大老倌，白茄子更不入眼，简直是发面发出来的，而且还不是老面发的，一定是发酵粉作的祟。如果说紫茄子是那个被点了天灯、脂膏四溢的董卓，那白茄子就如同一个浮肿病患者，死沉沉的一堆充水肉。当然也有细茄子，浮肿是消了不少，却是个类风湿性关节炎患者，肢体畸形是眼睁睁的后遗症。

烧茄子一定要油多，但茄子又不吸油，后果免不了是一堆烂乎乎的食物泡在一汪黑乎乎的油里，说不出的腻得慌。《红楼梦》四十一回王熙凤大谈茄子经，刘姥姥愣是茄子没吃出茄子味儿，你说茄子没了茄子味那还叫什么茄子？简直扯淡。有好事者真的如法炮制，也没弄出什么好汤水来："油汪汪的一大盘子，上面有白色的丁状物，四周有红红绿绿的彩色花陪衬着，吃起来味道像宫保鸡丁加茄子。"令人"停箸难以为继"。看着油光可鉴，银样蜡枪头也未必。

现在餐饮业发达，厨师花样翻新。茄子也浑水摸鱼，多结了几门露水姻缘。什么咸鱼茄条，什么麻辣茄丁，浓油酱赤的。还是脱不了一份家常菜的姿容，魅力真是有限。倒是见过一家菜单上写的"紫玉

含烟"，好雅致的名，我以为是什么稀罕劳什子，要了一份，端上来才知道是紫茄子剖得细细长长的，千丝万缕地拢住一撮小青梅。你说这能有什么吃头？先就没了胃口。青梅配茄子，真想得出，大概是日本料理，他们对青梅情有独钟，什么都要加一点的。哪里有什么紫玉的古典深情，只能算贫贱夫妻吧。睁一眼闭一眼居家过日子。

我是不吃茄子的，但是我喜欢的那个男人喜欢吃茄子，只有勉强附和一点，虽不致无法下咽，却每每如鲠在喉。可是我吃再多的茄子又有什么用。我们最后一次吃饭，我又为他要了一份茄子，是肉末茄子。那是个夏天，菜上了空调又坏了，一桌子的菜，没下筷子已经饱到喉咙。我们像两只桑拿虾，热腾腾地坐在那儿，谈情说爱真是需要气氛的，此情此景什么海誓山盟都是鬼话连篇。草草敷衍了几筷子了事，沮丧得紧，没法不沮丧。心里明白根本不会有什么好结果的。后来我们在饭局上也碰到过几次，面对面像曾经的熟人，久不走动淡淡的。也许真的只是个熟人而已，有时候不管发生了什么，在内心深处，两个人就像水和油，就像茄子，除非耐下心性文火慢熬至一塌糊涂面目全非，否则再大的急火也烧不成水乳交融。

速食的社会我们会小心细意款待一只茄子，但是不会款待一场露水姻缘。

其实我现在倒不那么敌视茄子了，可以随喜一两筷子。尽管也说不上喜欢，可也实在说不上不喜欢。就像生活中的好多事，甚至生活本身，说喜欢不喜欢都没个准，也纯属多余，太强烈的情感是自作多情，只需接受也只能接受。不过我想做一只茄子可也真的是件妙不可言的事：油盐不进，水火不侵，百味不容，百药罔救，百身莫赎。一只快乐的茄子。

# 扁豆

　　一直想写几句扁豆。因为我喜欢一句诗：一畦春雨瓢儿菜，满架秋风扁豆花。想一想这意境，略微有点清苦的田园味道，是瓢儿菜微微的苦，也是扁豆微微的甜。成长之后，对于童年的反刍，大概也是这个味道吧。

　　我还喜欢扁豆的颜色。其实豆子的颜色我都喜欢，比如说豆绿、豇豆灰，含蓄但不深沉，新鲜但不艳丽，很舒服的颜色。不是花，擦胭脂抹粉的有什么意思呢？不如淡淡妆天然样。一个人年纪大了以后，大概会喜欢温和的感觉，温和的人温和的事，甚至于颜色。

　　扁豆有两种颜色，红扁豆和白扁豆。开白花的扁豆藤结出来就是白扁豆，开红花的扁豆藤结出来的就是红扁豆。其实也不尽然，所谓的白扁豆也是有点隐约的绿色，红红的边就格外醒目，像织女特意缲的。我喜欢这道红边，发白的绿和发灰的红，有些凉薄的暖，也是喜。清淡的久远的古意。吃扁豆就有素淡的古意。白扁豆肉厚红扁豆肉薄。我们这里常吃的应当是白扁豆，至少我们家是这样。也许是白扁豆看上去肉墩墩的更有做菜的资质。有时候，在饭店里吃到一种清炒扁豆，是非常薄非常绿的扁豆，即使有豆粒，也袖珍到可以视为没有。是脆的。我估计这扁豆是外来品种，不具备时令性不说，吃了几年了，还是眼生得很。

　　在家乡的时候，我母亲在院子里种了扁豆，用种这个字对于扁豆而言有些郑重。搭了架子，扁豆藤就爬上去了，然后就开花，接着长扁豆，然后可以摘扁豆。很小的时候，赶上母亲没工夫买菜，烧饭了就急急忙忙要我拿着小篮子去院子里摘扁豆。摘下的扁豆沿着脊撕掉筋，我母亲是说筋,再老一点,沿着肚子也该撕一下,扁豆的耗头不是很大,就这么点筋。这样的事情,我很小就会做了,前几日在家,我的女儿也要帮我择扁豆,很容易就会,但是这个小小的人儿没有什么耐心。

怎么烧呢,无非是清炒,太大的扁豆对折一下,更多的是就这么水冲冲下油锅,落几粒蒜瓣,有时候会有一点青气。夏天仔鸭褪尽绒毛,扁豆烧鸭子,这一定要是肉扁豆才好吃。熟得透透的,味道厚。扁豆烧肉是通常做法,因为清炒总有些寒苦。还可以将扁豆切丝,放辣椒丝什么的清炒,比整炒更入味,这是我当家之后的做法。我母亲不耐烦费工夫细做,现在不忙了,但是母亲的生活还是沿袭着她年轻时的习惯。

秋风一老,扁豆也老了。老了的扁豆鼓着大肚子,稍微翻动几下,豆粒就结结实实地滚出来。像个调皮的孩子,急着出来在秋风里打个滚。

# 白雪覆盖的青菜

下雪了。打电话给老妈，老妈说，赶紧买些青菜在家储着，下雪了，乡下人不来卖菜了。没有青菜吃的日子，对我的老妈来说，简直不可想象。

小时候，年年冬天回回下雪之前，老妈都要买回一堆大头青黄牙白，堆在屋角，一直吃到黄牙白们干了几层，大头青们黄了大半。其实下再大的雪，还是有乡下人挑着菜担子一步一滑到菜市场来，不过价格是要贵一些，那是挨冻受累的钱，不能不让人家赚的。

雪天从菜地里砍青菜不容易。到乡下婆婆家，婆婆挎着菜篮子，篮子里有把镰刀，她要到菜地里割大头青给我们带回家，她说她的大头青好吃，城里的菜在贩子手里盘来盘去，盘坏了。大头青们被白雪覆盖着，露出来的一截像是探头探脑的土拨鼠。婆婆扒拉开雪，左手攥住大头青，右手的镰刀齐根下去，一棵带着雪的大头青落到篮子里，三五棵就是大半篮子。婆婆还要多割点，我们说不要了，吃不了多少，放家里三两天就蔫了、黄了，怪可惜的。

青翠爽利的大头青一离开白雪覆盖的家园，不消几个时辰，立刻就垂头丧气。

我们也有点垂头丧气，寒冷让人鼓不起劲头。想着后备箱里带冰碴的大头青，心里有点儿安慰。有它在锅里咕嘟咕嘟絮叨着，再冷的冬天也能热乎乎地对付下去。如果再有一方冻豆腐，或者几个肉圆子，那就相当圆满了。可是太冷的话，还是该储存点青菜在家里的，因为青菜也会冻坏，冻得脱皮烂骨呈半透明状，大头大脑的大头青被冻伤了，再皮实的乡下孩子也会受伤，而他们暴露出来的伤口更

让人心疼。

我爱冬天里经霜后的大头青,像一朵开得胖墩墩的花。下锅就烂,一口咬下去,丰腴滋润,绵软清甜,简直不像是在说青菜,可就是青菜。尤其是长得壮实的大头青,掰三两个就是满满一锅。菜帮子很大很厚实,得一瓣瓣对着自来水冲洗,片片白裳翠裙是体态丰腴的杨贵妃们。热油下锅,炒倒后淋一点水,盖上锅盖焖个三两分钟就成。焖长了就黄着小脸蔫了精神。有人用猪油炒,在我们小时候,青菜炒熟了之后放盐也得放猪油的,香。可是我们不吃猪油很多年了,也就算了,青菜们清寒到底了。

冬天里的大头青处处逢源。我的闺女不爱青菜，若是三天没有大头青上桌，她也是要奇怪的。不过我吃菜帮子，闺女吃菜心，菜叶子在炒熟之前有两只鹦鹉要喂，炒熟之后剩下了第二天早晨用来烧烫饭，青白柔软地浮沉在烫饭里，大清早的，等闲谁有那么好的胃口脍不厌细，有菜有饭有汤热乎乎又有滋味又省事。也是我们从小就养成的生活习惯，身上衣裳口中食，晓得珍惜尽量不浪费。

冬天是容易凝固的季节，早晨的菜市场是流动的。筐子里青菜们成群结队熙熙攘攘，喜滋滋到城里来看热闹呢。他们是我们童年时代的伙伴闰土，是乡下穿着姐姐红棉裤扎着妈妈绿头巾的表妹，太阳还没出来的早晨，用槌棒敲开结冰的塘面，清洗衣服。她的脸蛋冻得红扑扑的，她的手上有皲裂的冻疮，她用清脆的棒槌声敲醒了村庄，一声一声落在她纯朴短暂的青春上。

我的白雪覆盖的青菜，我的白雪覆盖的故乡。当它融化之后，依然静静滋养着我的记忆。

# 南瓜不说话

晚上在家复习《哈利·波特和阿兹卡班的囚徒》，哈利、赫敏和罗恩听说巴克巴比要被处死，一起去海格家。英国乡村之美真是令我无比沉醉。海格家门前有一大堆南瓜，好大的橙红色南瓜，比木澡盆还大，那是真的南瓜，还是被施了魔法的南瓜？记得看《虎口脱险》，几个亡命的法国人搬南瓜砸德国人，也不过是一车子脑袋大小的南瓜。

因为体检的时候被查出血糖稍微有点高，我母亲开始较频繁地买南瓜。一般而言，表皮癞的南瓜比较面，面就是芜湖有人说粉的意思。越癞越面，这就叫做脸癞心不癞，有点儿像在说钟楼怪人卡西莫多。面子平滑的南瓜一般不面，这个是老经验，现在也难说。后来我当家买菜，买过又癞又不面的南瓜，也买过又不癞又面的南瓜。物种丰富水土不一，不能一概而论，只有吃到嘴巴里才能准确判断。

鉴于多次蒸出来的癞南瓜都水叽叽的不甜不面，我失去了判断力，现在只炒南瓜，就是将南瓜切片油炒，放点蒜瓣。不是多好吃，也不难吃。但是有一次路过旌德，在一家饭店里吃到一盘炒南瓜，将南瓜切丝，金黄，留着碧绿的头，估计是将最表层的南瓜皮刨了。加了蒜丝、红辣椒丝爆炒，很爽口。那南瓜丝比头发丝稍微粗一点，要是刀切这功夫可不简单。没有推荐给我妈，老太太要发火了，觉得我们太能"作"。她说切成朵花还不是都吃进肚子了，吃进肚子里还分什么丝啊块的。就你们门道许多。

在饭店里吃过一款南瓜盅，比拳头略大的南瓜，揭了上面的南瓜盖，里面是水子酒酿之类热腾腾的，舀完了南瓜也能吃，而且很面很甜，我用勺子一直挖啊挖，挖到剩了层南瓜皮，以为可以挖出个薄薄的南瓜灯来，求成心切，挖破了。整个南瓜盅做菜据说很补，记得老爸的同事宋叔叔，特别能说，也许每个人都有善谈的时候，对的人对的时候对的情绪，寡言的人也能侃侃而言如黄河之水绵延不绝。但是宋叔叔的善言是不论时间地点对象的话多，犹如龙头失灵的自来水，哗哗哗一直流淌下去，男人这么碎嘴真是一桩异怪事，常常他说得你得按捺住弄个老虎钳来一把拧死的冲动。祸从口出，有一天某个愣头青被他呱嗒毛了，一拳过去打断了他的鼻梁骨。宋叔叔整整恶补了一个月的南瓜炖母鸡。将南瓜掏空，不是饭店里的袖珍南瓜，是一只两三斤重的大南瓜，把洗净的母鸡塞进去，隔水蒸。一个月下来，玉树临风的宋叔叔定格成南瓜体型。从此他更健谈了，而且没有人敢阻止，南瓜不贵，但是谁家会有那么多母鸡候着呢。

　　将南瓜花放在面粉糊里拖一下,入油锅炸,金黄的南瓜花又脆又香。小时候去乡下姑姑家过暑假,姑姑的小姑子带着我满世界溜达,钻山打洞找吃的,南瓜花就是一种,得内行人找不结南瓜的花摘下来。不是所有的南瓜花都结瓜,那一根藤蔓上得结多少瓜?靠南瓜根在地里吸收一点子营养也支撑不起,所以有的南瓜花得摘了,保证其他南瓜花顺利结果。

　　结得真是不老少,姑姑家的屋角盘踞着一堆南瓜,不是姑姑家,是姑姑的婆婆家,那个时候姑姑还没有跟婆家分开,几个小姑子小叔子没有成人,作为长嫂姑姑得好好累几年帮婆家挣几分家当。后来分家了。寒假每天早上煮粥,乡下再穷,不吃剩饭,剩了喂猪。我们每天吃的是山芋稀饭,山芋洗净了切滚刀块,扔锅里咕嘟去,一大锅,带猪吃的。天天吃山芋稀饭吃烦了,尤其是山芋不削皮,吃的时候得吐皮,也只有我吐,姑姑姑夫都是连皮囫囵下去。我想吃南瓜稀饭,但是姑姑家没有南瓜。姑姑点南瓜不结。将南瓜籽放到土洼子里,这在乡下叫点南瓜,是有点像在地上点了个逗号句号。姑姑没有养过孩子,姑姑从来不点南瓜,民间说这是有因果的,我不知道是因为没养过孩子所以点南瓜不结,还是因为点南瓜不结,所以养不出孩子。

　　这个当然不能问,姑姑也不会说,姑姑连南瓜两个字都不说。

# 毛豆青毛豆黄

秋天了,从青碧到金黄,毛豆们随着季节换上了秋天的衣裳。门口的晒场上,铺陈着一层毛豆壳子,是婆婆从田里连根拽回来的最后一茬豆秆子。拽下豆秆子上的毛豆壳子,大太阳晒几天,半黄半绿的毛豆壳子晒得又黄又黑,晒得壳子们干了脆了翘起来,不用剥,圆圆的豆米径自跳出来,滚了一地。它们从豆棵子上拽下来的时候还是张大圆脸,几天太阳一晒,就是躲在豆壳子里也没用,这豆壳子看起来遮阳估计防不了紫外线,毛豆们粒粒缩得滚圆。小是小了,倒是精干了许多。现在,它们不叫毛豆,叫黄豆。从毛乎乎的豆壳子里钻出来,分道扬镳了,怎好再叫毛豆?

黄豆可以做酱,做豆腐,可以发芽,可以储存起来冬天的时候备不时之需。黄豆是有退路的,给一段缓冲期,像是退居二线,像是隐于市的贤者。韬光养晦,敛了锋芒和棱角,多了恬淡之气。

毛豆就不是这样了。毛豆是毛头小伙子,急急忙忙要往前冲,嘴唇上隐隐的黑色胡茬,额头上一粒一粒青春痘,眼睛很亮很黑,就是有点不聚光。夏初,最新鲜的毛豆上场,实在早了些,要的就是这个鲜劲头。豆壳子们都没有长开,有点瘪,剥出来的毛豆有点瘦,看看一大堆毛豆壳子,落到碗里也不过就平平一碗,这样的毛豆蒸着吃才好。豆衣要留着,就是剥完豆壳子附着在豆米上的那一层白色膜,那叫豆衣,据说是最起鲜的。放到大碗里,兑水,就这样饭锅头蒸也好隔水蒸也好,什么佐料也不用。这就是清蒸毛豆米。蒸好了,放一点盐,放一点猪油,鲜香扑鼻。豆米们青碧得像豆蔻梢头二月初,豆衣们缥缈得像霓裳羽衣舞。我觉得这么文艺的一道菜非得像西施董小宛这样清淡婉约的江南佳丽才衬得上。我到现在还记得小时候家里清蒸毛豆米，是用一只大大的白瓷海碗，一只瓷勺子潜在碧清的汤里，勺子上是一尾红色的金鱼，它在清碧的汤里鲜艳地游弋着。我家有一套这样的碗碟，过年过节的时候用。年节的时候，十碗八碟的上了桌子，碗碟上都是金鱼花纹，热闹得跟花港观鱼一样。非常世俗的喜气。

也可以将毛豆壳子在水里淘淘干净，连壳子放锅里煮，放点盐。拎一根放到嘴里，门牙们可开心了，轻轻一嗑将豆米挤出豆壳，清煮毛豆壳是道小菜，情形跟零食差不多。拿来做正餐是不成的。也很鲜。

每一个人的童年都是短暂的，对于毛豆米来说也是如此。在草木葳蕤的夏天，毛豆米们攒足了劲疯长。很快，菜市场的豆壳子都鼓胀起来。挑剔的家庭主妇，尤其是时间充裕的奶奶们，站在菜摊前一个一个地捏那些毛豆壳子，吃柿子捡软的捏，豆米要硬的，圆鼓的，瘪哈哈的丢一边去。奶奶们精瘦的手指头可有劲了，毛豆们一准被捏得龇牙咧嘴浑身青紫。剥毛豆是个辛苦活，那个时候我十来岁，暑假的时候几乎每天家里都要买两斤毛豆壳子，不歇气地我得剥一个小时，剥得拇指生疼，虽然我也很喜欢吃。树荫下，半竹篮子毛豆壳子，一边是只大海碗，这一海碗毛豆米一餐就被吃个精光。豆米炒辣椒，豆米烧辣酱，豆米炒萝卜丁，豆米是个好说话的主，烧啥都没有二话。当然最好吃的是仔鸡仔鸭烧豆米。一只小仔鸡斤把重，不放上二斤豆米简直吃不上嘴，这个时候也是仔鸡们最鲜最嫩的时候；再小的仔鸭也比仔鸡大，我们能吃到的肉更多，但是也更麻烦，因为仔鸭们的小毛出来了，我们得一根一根除掉小毛，那可真是让人头疼。这是每个周日加餐的菜，那个时候，加个餐怎么能让我们那么开心呢？

这是豆米们最好的时光。它们粒粒像胖小子一样又结实又顽皮，叮咚一声跳到碗里，很快垒成一堆。中午的时候我们用勺子一舀一大勺，和着鸡鸭的荤腥味，我爸特别会烧菜，他烧的鸡鸭我们是连里面的蒜子都要吃光的，你可以想象这些毛豆米有多好吃。有时候干脆一勺子豆米一下子包嘴里，个个嚼得太阳穴青筋暴起，这就是人家说的满嘴得劲。我们吃得很开心，我们很馋很饿，我们的牙齿和胃都很好，我们吃得很香很香。后来，任是什么样的鸡鸭毛豆，什么样的厨师，也没有当年的好味道好胃口了。

季节一步步不停脚往前赶，毛头小伙子们长大了，豆米们渐渐老了。一碗豆米剥出来，青的青黄的黄青黄不接起来。端午的时候，婆婆从田里拽了些豆秆子，让我们带点新鲜毛豆壳子回家。那儿天放假，正好剥了蒸了吃了。国庆节回家，婆婆又让我们带些毛豆壳子，没有空剥，等到想起来，豆壳子们闷得又黄又黑，剥出一碗嫩黄豆来。不知道怎么吃，干脆放到太阳下晒，想着晒干了冬天黄豆米烧咸鸡块。

可是连着几天雨，老天没顾得上晒晒它们，我也没顾得上摊开它们，嫩黄豆们一声不响地霉了。我没有想到它们恁傲娇。

# 因荷而得藕

又冷又阴沉的冬天下午，沙钵咕嘟咕嘟唱着歌儿，从锅盖眼里一条白色的热汽扶摇直上，醇厚甘甜的气息萦绕在厨房里，然后钻进客厅、卧室，像长了一百只触角的蜈蚣无处不去。我正在炖莲藕排骨汤。

冬天的莲藕淀粉十足，又绵又粉，筒子骨也行，排骨也行，一定要给足，煨烂了藕，煨烂了肉，藕和肉骨不分彼此，藕吸饱了肉味油腻，才会味道浓郁口感丰腴，不柴不干。肉呢，和骨头若即若离，咬一口，不油不腻。汤当然浓厚醇美。最好喝的汤，是肉汤，加了各种食材的肉汤，喝了暖和贴膘抗寒，这是冬天里，一碗汤的本分。

藕，谐音偶。我们是个多么喜欢在谐音里寻找人生乐趣的人群。据说古时候有个叫程敏政的人，人称神童。宰相李资爱他的才华，将女儿许配给他。一天，李资宴请宾朋，出了个对联：因荷而得藕。程敏政对着桌上的果品回答：有杏不需梅。有学问的古人不会将对联搞得这么平庸，李资的意思是因荷（何）而得藕（偶），程敏政的意思是有杏（幸）不需梅（媒）。我想李资将女儿嫁给他应该在应答之后，程敏政郎有心，李资翁有意，这段佳话才显得水到渠成。

藕从荷来。不过不是所有的荷都能有好吃的藕。红花莲子白花藕，意思是开红花的荷花莲子好，而开白花的荷花藕好。藕的一生是从每年的夏初开始的，从五月份开始，是手指粗细的藕带，这是幼年时代的藕，没有长出皮糙肉厚的淀粉，加蒜瓣清炒，爽脆得很。到夏末，新藕上市，俗话说的花浆藕头道韭，都是赶新鲜的美味。这时候的藕尽可以白口吃，咕嗞咕嗞嚼下去，一点渣滓都没有。饭店里的冷盘，会应时令地上一叠藕片,长形的小碟,一溜斜斜的藕片,撒上白糖,清甜脆嫩。渐渐的,藕在秋风里老了一些,又老了一些,切丝炒,喷一点白醋,又酸又甜,不下饭,但是开胃。做冷盘也行,在藕眼里灌入糯米,蒸熟了切片,撒一把黄色的桂花屑,这是糯米桂花藕,冷的热的入口都是香甜的。等到秋风也老了,是藕收获的季节了。收获藕只有一种途径,下到荷塘里,在淤泥深处,藕们盘根错节。穿着皮衣皮裤的踩藕人在抽干的荷塘里小心翼翼试探着柔软的淤泥,注意脚下的感觉。一有感觉,伸手从脚底下抄起来。这个时候的水和泥都是冰冷的,远远看去踩藕人的身影像冬天寂寥大地上慢慢游走的几个标点符号,令人有一种郑重的敬意。

洗干净, 藕们不复夏日的白皙水嫩, 冬天的藕胖大粗壮, 像结婚生子后的农妇, 挑担子插秧割稻拿得起放得下, 粗着大嗓门呼三喝四, 撩起前襟擦额头的汗, 不管是不是晾了半截子白肚皮。是没有姑娘家家的养眼, 可是乡下的日子, 就是这些泼辣的娘们支撑起来的, 每一个羞答答的姑娘家, 总要成为这样的娘们才是正路。

我家乡的冬天, 家家都有一个沙钵, 据科学测试, 沙钵保鲜度高, 透气性好, 这是后来好事者说的。民间自有来自生活本身的智慧, 老人们一再强调沙钵煨汤最鲜, 生活经验是最实在的科学数据。要是冬天, 沙钵里有骨头有切成滚刀块的藕, 这一家的日子是非常滋润的, 这一家老人孩子吃了饭都是不擦嘴的, 油光光的嘴巴在四邻五舍跟前都是一种值得骄傲的招牌。

不能餐餐都肉骨头煨藕, 老人们说, 就是沈万三的家私也不够这样吃。抓把米, 把藕切小块, 老人们都有个小煨罐, 煨罐是陶瓷的, 深腹, 小口, 不耐急火, 藕、米、水加好, 还要几颗红枣, 放在大灶出炉灰的口子深处, 煮饭烧菜稻草灰的余温, 煨软煨烂这一小罐藕稀饭, 倒出来浅浅两小碗, 加一勺红糖白糖, 是老人临睡前的贴己。这里藕稀饭已经赋予了食补的意义。要是谁家老人连这样的贴己饮食都没有, 虽然也不会饿着, 可是论起来总是觉得她可怜, 总是说她媳妇太厉害。大家伙也有藕稀饭吃。一烧就是一大钢精锅红通通的藕稀饭, 黏稠烂软, 一口咬下去, 藕须们藕断丝连, 在嘴边脸颊上挠来挠去, 这是吃藕稀饭额外附赠的乐趣。

我家乡还有个卖熟藕的营生。分坐销和走售。坐销是小摊子, 一只小炉子上面放着钢精锅, 终日咕嘟咕嘟着, 锅里整齐列着三五根去皮的藕, 红汪汪热乎乎, 要吃称一段, 小刀子下去, 无声无息, 煮得很烂很烂。还有行销, 这是好些年前才有的, 挎着木桶的女子, 一边走一边吆喝: "卖熟藕哎。"深巷明朝卖杏花, 江南街头卖的是熟藕。有人要买, 掀开盖着木桶口的厚棉垫子, 藕们还冒着热气, 拿出小秤称一段。卖熟藕的女人通常有一副亮嗓子, 也许是家里嗓门最亮堂的负责出来卖, 也许是天天这样拉嗓子, 拉出了一副好嗓子。据说, 有个女孩子就是因为叫卖熟藕被路过的文工团领导听中了, 去了北京的中央文工团, 成了小有名气的女高音。这个传说虽然有名有姓, 但是不知道真假。

像这样的传说, 跟挎着小桶卖熟藕一样, 也就是上个世纪六七十年代才会有的景致吧?

# 荸荠尘缘未了

荸荠的出身不太好，和藕们一样，有点子寒苦。秋风老了，冬天嫩生生地来了，架不住冬天的风一来二去，荸荠根根像小葱一样细长油绿的叶子枯了，躺在淤泥塘里的荸荠们要出来了。

荸荠也是踩的。赤脚在烂泥塘里踩，脚底下硬硬的圆疙瘩，伸手下去，那就是荸荠。泥巴糊了一身的荸荠，谁会知道，它还有个名字叫水八仙呢？虽然是冷天，烂泥还是有些臭烘烘的，不过此臭非彼臭，尤其是在冬天收割干净的大地上，闻起来多了亲切的意味。一竹篮子泥哄哄的荸荠，连着篮子放到水塘里来回撞，一会儿工夫，泥巴落了，荸荠们紫红发亮，要是你不讲究，掰掉荸荠上的荠子，连皮扔嘴巴里，清甜甘脆，直接当水果吃。

沐浴干净的荸荠，终于当得起水八仙这个名头。和其他七仙慈姑、芡实、菱角、茭白、莼菜、水芹、莲藕一样，是江南画家们入画的小物件，撑不起中堂画的高山流水富贵牡丹格局，可是一颗荸荠、一抹水芹，江南的味道跃然纸上。

我们喜欢生吃荸荠，生吃才够甜脆，不过因为天冷，也因为性寒，大人们总是喜欢将荸荠煮熟。煮熟的荸荠从壮实的红脸汉子变成黑脸老包，皮和肉有了点儿嫌隙，很容易去掉，雪白的荸荠肉成了淡淡的灰绿色，脆和甜都差了一截，还是甜的，钝了的甜。

我家乡是将荸荠当成零食的，虽然它可以做冷盘，可以做小炒。冷盘简单，削了皮的荸荠码碟子里，撒白糖，眼不见嗒嗒嘴就吃了。一般人家冬天里都是青菜豆腐一锅熟，不逢年过节谈不上小炒更不要说冷盘了。过年或者家里来了客人，荸荠削了皮，切片，和大蒜干子，油热火大，荸荠还是脆生生的，或者挂点芡粉，炒个肉片。年节的时候，油腻吃多了，荸荠加在任一个小炒里，都是解腻的，尤其是脆生生的活泼了口感。荸荠是素的，素得彻头彻尾，荸荠入画也是清淡的文人气息田园风情，但是小炒要加肉，沾点肉腥气荸荠才好吃。所以不管怎么带着水的清气，土的素朴，江南的淡泊，荸荠有一段未了的尘缘，因为这段尘缘未了，只好继续在滚滚红尘里打滚。

荸荠和藕一样，都是淀粉管够，晒干了成粉，就是马蹄粉，马蹄粉是经典的广式点心马蹄糕的原料。到了马蹄糕这一步，跟荸荠就是神似形不似了。有一年我去广东，早餐吃马蹄糕，吃了几块也没有吃出荸荠的感觉来，我以为的荸荠当然是紫红的衣雪白的肉脆甜脆甜的滋味。可是广东人说马蹄寓意吉祥，因为像元宝。是马蹄像元宝还是荸荠像元宝？我没有探究，不过我想心之所思，连出淤泥的荸荠也闪着元宝金灿灿的光芒了。我不是撇清，以前大家都觉得广东人的发菜发

财之类俗，现在我们不也一头栽进去，俗是俗透了，偏偏广东人的虔诚没学会。

因为是当成零食，我小时荸荠吃得并不过瘾，荸荠水倒是经常灌个水饱，尤其是在年边上。受了寒消化不好或者干脆过年好吃的太多，给吃撑了消化不良，我外婆拿几个荸荠煮水，完了她吃荸荠我们喝水，水有点点苦，一口气喝下去，再饿上一两顿，没事了。不是手边都有荸荠，遇到便宜的我妈多买几斤，挂在院子里的钩子上，挂着挂着忘记了。荸荠就这样好，耐得住时间，挂两个月拿下来一看，个头小了，皮皱巴了，但是更甜了。浓缩的都是精华，荸荠尤其如此。

# 红菱艳

菱角也是江南的水八仙。菱角是最有江南乡野风情的东西,采菱角的女子和采茶的女子其风姿几乎可以并称江南双艳。菱角有几种,邓丽君唱的《采红菱》里菱角长了两只角:"得呀郎有情,得呀妹有心,就好像两角菱,也是同日生,我俩一条心";另一种是四角菱,长了四个角,还有野生菱角,个头小一些,两只角四只角都有,再就是刺渣子,刺针尖一样,个头很小肉很紧实,最香,但是这样的菱角吃下来,嘴角会刺烂,这是形状上分;颜色上分水红菱、青菱;塘口上分,浅水菱、深水菱;口感上分甜脆的和面的。水红菱长在浅水,生吃最好,青菱长在深水,熟吃。

和芡实一样,菱角是我们的零食,无论甜津津脆生生地生吃,还是香喷喷面笃笃地熟吃。还有个红菱,是我家乡才有的,不能吃,是一个叫红菱的媳妇。

红菱二十岁不到,有一张饱满的脸和一双乌黑的圆眼睛,虽然身量不高,但是整个人像一只裹得紧紧的肉粽子,结实紧凑。虽然归到媳妇里,其实她比我们大不到多少,镇子里的媳妇们有点拿腔拿调,不太看得上她,只有我们这些半大的小丫头围着她转。她给我们看照片,两寸的照片上,她梳着两只乌黑粗大的麻花辫子,辫子折起来,用蝴蝶结系住。黑白照片看不出蝴蝶结的颜色,但是蝴蝶结很大,那是小镇上家境优渥的人家十三四岁女儿的打扮,天真张扬的美与娇。红菱成熟的脸蛋衬着蝴蝶结说不出的不搭调,但是她自己很得意。

红菱是乡下的女孩子,她嫁给了隔壁院子里曹奶三十岁的四儿子。乡下嫁到镇子里,一般是乡下女孩子非常漂亮,条件非常好,镇子里的男人条件差，才算门当户对。曹老四是个驼子。曹奶是大家闺秀，嫁的曹爹也曾是个少爷，一气生了七八个，就这个儿子有残疾，镇上讨不到老婆。红菱长得用媒人话说，饱鼻子饱眼睛，人也勤快，响当当的人物。但是红菱是个瘸子，得过小儿麻痹症，一条腿是弯的，走路一甩一甩。不能割稻插秧，在农村就呆不下去。红菱要了足足的聘礼嫁了过来。两个人吵嘴，我记得红菱这么个小个子，声音响亮，她说，不是我腿瘸了，你个驼子八抬大轿也抬不来我田红菱。吵嘴的时候，红菱的公婆在哪里呢？这就是大户人家和小家小宅的区别，红菱的公婆不像人家公婆不分青红帮儿子腔，无论是什么事，有理没理，老夫妻俩一声不吭，白天甩手出门，晚上关门睡觉。不痴不聋不作阿家翁。

红菱有一肚子的怨气。谁没有呢？如果不是曹老四驼了，红菱就是好腿好手也嫁不来。其实说什么感情，婚姻是很务实的，当年，甚至一直以来婚姻都是这么务实的。像一条看上去毛茸茸的羊毛围巾，看着还好，一下水，羊毛都随水漂走，只剩下粗拉拉硬得戳手的经络。脖子上空荡荡的，有一条总好过没有。

红菱脾气辣，但是一条街仍然说这个媳妇是好的。红菱娘家跑得勤，那时候都是甩腿走，真是难为她一瘸一拐走个十几二十几里路。乡下都不乐意养女儿，可是一把野菜一瓢稀饭养大的女儿总是贴心的，结了婚，好的歹的一把黄土都要往娘家贴。有时候曹老四不能陪她一起回乡下，红菱带我去，为了有个伴儿，也是为了寂寞。在镇子里她有点寂寞，跟其他媳妇搭不上话儿。红菱家的土坯房子又黑又小，红菱在娘家什么事也做不了，我看她一撇腿坐进腰子盆里，划到门口塘里采菱角，伶俐得很。这个时候的红菱映着一塘绿波，眼睛黑嘴唇红，水灵灵的大姑娘。她带一竹篮菱角回来，把新鲜饱满的红菱角给公公婆婆吃，剩下刺渣子给曹老四，她自己不吃，她说在家尽吃这个，吃得胀气。她会做人，邻居街坊家家送一点红菱角。粉红粉绿的红菱角，我们一口咬一个角，然后横过来齐着脊梁咬，掀开，鲜甜滋润的菱角肉充满了口腔。红菱的菱角总是比菜市场卖的水灵，她个挑个拣过。刺渣子是野菱角，个头小，长着四根尖锐的角刺，生吃不好吃，肉粗，煮熟了，肉质非常粉非常香。曹老四说刺扎嘴巴。红菱坐在厨房，用刀子一个个劈开给曹老四。她数落曹老四男人吃不得苦，给婆婆公公吃的菱角是家养的，个头大，能卖上钱，娘家还指望着卖菱角的几个钱贴补油盐。都看到红菱每次回娘家大包小包带东西，菱角能值多少？可是我还是觉得红菱好，她委屈着嫁过来，图什么呢？

天冷了，红菱还是能从娘家带菱角，除了菱角，娘家也没有什么东西给她带。颜色鲜艳桃仗的水红菱，木讷的大老乌菱，我们叫大家马，我对大家马记忆犹新，因为吃多了。大家马个头大，一只只可以放在

桌子上站稳。煮熟了，壳是紫褐色，肉是淡紫色，那时候我已经渐渐懂事，女孩子吃菱角吃撑了总归难听。那些年我们吃了多少嫩的老的菱角啊。菱角肉也是淀粉，很抵饱。等到天很冷了，红菱带回的还是菱角，是老得有点腐味的菱角，那股子腐味是深塘里烂泥的气息。可以烧肉，红菱用剥出来的老菱角肉烧五花肉。她自己吃菱角菜，菱角的茎，揉干净涩水，切切加蒜片辣椒炒炒。如今这个小菜是个野味儿，尝新是不错的，但是天天吃就不是这样了，而且菱角菜要下重重的菜籽油炒才好吃，不然干涩得很，刮肠子。红菱惯常吃，一餐两餐吃不完，饭锅头蒸一蒸，蒸得菱角菜都烂了，软乎乎的除了咸有个什么味儿？红菱的好处，就在这里。打公骂婆在镇子里不多，但是肯这样嘴巴上省给公婆，也不多。

红菱的好在于她的小意，也在于其实她比她男人有计较。红菱学了缝纫，把自己的卧室接了一截，伸到街边，打了门做店面，她开了家缝纫店。街坊们年年受她的好处，虽然只是菱角，到底不好意思说什么。红菱的生意还不错，曹老四就更没有声音了，街坊邻居说红菱挣的钱一大半都贴了娘家，她娘家兄弟要盖屋讲媳妇。但是曹老四没意见，谁能有意见？曹老四能有什么意见，红菱挣了钱，买早点买糕点买鱼买肉给公婆吃。曹奶曹爹当年是有钱人家的公子小姐，嘴有点馋。如今天天晚上能喝杯小酒了，七八十岁的老人家，一头白发，脸喝得红扑扑的，做儿子的不要说心里舒坦，面子也光得很。何况，红菱已经怀孕了，曹老四每天进进出出，开始挺起胸来，虽然挺起来后背也是驼的，但是看上去还是长高了一大截子。大家拿他开玩笑，都说，老四，你上好有点不对劲，像个菱角泡子一样气泡鼓胀的了。菱角泡子是菱角细长茎上的，鼓胀出来的海绵一样的质地。炒菱角菜的时候，要把菱角泡子好好揉，把气揉掉，把泡子揉干瘪。红菱怀孕以后曹老四上赶着吃被蒸了又蒸乌黑齁咸的菱角菜。

# 原来你叫芡实

在屯溪老街,看到一垛垛糕码在门口,上面写着"芡实糕"。有红豆味儿、芝麻味儿,灰白或者灰红色,吃了点,吃到米粉味儿,吃到一点清甜,店主告诉我,是芡实煮熟去壳晾干研粉之后做成的,益气补肾,可是有医用价值哦。我还是不知道芡实是什么,我只知道芡粉,芡粉是做菜勾芡用的。等我把芡实和芡粉联系起来,把芡粉和蒺藜果子联系起来,把蒺藜果子和鸡头米联系起来,中间经历了一个漫长的过程。

芡实和荸荠一样,是水八仙之一。暮春到初夏,水塘里渐渐伸展开绿色的荷叶一样的圆形大叶子,芡实也是睡莲科的。与荷叶的平展不同,芡实的叶子是皱的,它皱皱巴巴伸展出巨大的一片一片,覆盖池塘,像一塘煮沸的绿水。八九月份,芡实成熟。芡实不易得,因为裹着芡实的苞有刺,下塘割了苞,这个时候十八般武艺全部上阵,有用穿鞋的脚踩压,挤破苞;有用棍子夯开苞,里面一粒粒的芡实滚出来,一个苞里面有一两百粒芡实,所以我们说芡实是蒺藜果子。真像是对付铁蒺藜呢。芡实锅里煮熟,老妇人或者女孩子挎着大半篮子芡实沿街叫卖,筲箕里还有一摞新鲜荷叶,是天然的包装纸,一只小酒杯,是量器。一分钱一酒杯。成熟的芡实是深褐色的壳,圆溜溜的壳包着一粒圆溜溜的米。芡实有大有小,我们都希望买大的,嗑起来容易,吃起来带劲。没有成熟的芡实嫩黄色,壳是软的。夏天炎热的午后,我们在凉床上昏昏欲睡,嘴里淡得能飞出鸟来,门外传来吆喝声:"卖蒺藜果子哎。"买上三分钱,碧绿的荷叶包着一大把蒺藜果子,嗑吧,可算找到事儿做了。

　　很少有上午卖蔤藜果子的，上午趁着凉快，女人们赶紧划只腰子盆到塘里去割，割回家煮熟了，下午才能拎出来卖。午后的太阳很毒，卖蔤藜果子的女人头上顶着一块湿毛巾，走过长长的青石街道。她要卖三四个小时，太阳弱了，筲箕里剩了一点，几分钱估堆，在地下磕干净筲箕，女人抓下头上干了的毛巾，擦把脸，回家了。不遇到打暴天，这样一个下午，总能卖几个钱。无论大姑娘小媳妇还是老妇人，这钱都是贴己的私房钱，买个花儿朵儿糖豆儿，谁都不能说什么。

　　水里的植物，总是免不了涩味，即使煮熟了，芡实在嘴巴里嗑开之前也是涩的，青涩的涩，涩是它与生俱来的气质，在成熟后渐渐淡远，却依稀不绝。芡实其实就是淀粉，这些淀粉新鲜、弹糯，比现在奶茶里的珍珠更饱满更Q。灵巧地上下牙一嗑，它从壳里蹦出来，在舌头与牙齿之间滚动的时候，跳跃的口感充满了顽皮。我们从来没有把它和厨房里灰面一样的芡粉联系到一起，从来没有想到芡实能够煮粥做糕点。后来到苏州，吃桂花鸡头米粥，在桂花香气与粥的热气中，舀起淡黄色的颗粒，似曾相识，却又恍若隔世，迟疑着，终于从咬开的芡实里捕捉到当年蔤藜果子的某种记忆。原来你的学名叫芡实啊。就像小时候隔壁鼻涕拉乎的丫头，人人喊她野豌豆，二十年后再见，不仅是亭亭玉立的美女，而且名字叫薇。苏州的风雅，真不仅仅是在园林山水，连一粒蔤藜果子，一碗薄粥，也被赋予了清新与甜美，他们的风雅深入骨髓。

　　苏州的芡实入粥、入菜、入画；屯溪老街的芡实糕缺乏想象力，还有着积极的晴带雨伞饱带干粮的防患意识；而我的家乡是山野草莽，无论地理还是历史都很贫瘠，虽然在大的地理意义上也是江南，到底水域不够大，芡实是自生自灭的水族，没有大面积地种植与收割，人也鄙陋，把芡实们当零嘴吃了。风雅这个词，有时候就是个感觉。比如像董小宛或者李渔，剥新鲜的芡实吃，那是文人美人的风雅，吃臭豆腐都是风雅,何况是水八仙? 我们那会儿嗑着蒇藜果子,蒇藜果子壳吐得到处都是,大人骂我们作脏,是不上台面的疯丫头;至于说磨粉入粮食或者入药,那是朴素的踏踏实实经历过忧患的生活。

又雅又俗的倒是长芡实的梗和茎,我们都吃过。梗像芹菜一样折断,茎像藕带一样切片,热油下锅,爽口是雅,多加干辣椒爆一爆,也下饭,说到下饭,有点儿俗。俗中也能开出雅的花朵。俗和雅,不过是芡实的A面B面。

# 鸭蛋红

打电话给婆婆说，给我们腌一点鸭蛋吧。婆婆家里有几只鸭子，日日游弋在门口的水塘里，鸭子比鸡瓷实，鸡们春天死得差不多了。年年，婆婆都会说，一窝鸡看着刚刚长出头，就死了。

小时候，家里也养鸡。白天放到院子里，院子不大，加上邻居家的，到处是鸡屎，鸡就这门不好，随地大小便。春天的时候总要发一场鸡瘟，隔着几条街的鸡，陆陆续续死起，谁家都不能幸免。我母亲实在心疼，不问青红皂白把家里能找到的药片全塞鸡嘴里。也养鸭子，鸭子比鸡难伺候，鸡们撒把稻子剩半碗饭，自己在院子草皮上啄啄，也不知道有没有吃到啥，反正嘴巴不闲着。鸭子要吃荤腥，那会儿家里有点荤腥还不够几个孩子刀一样的胃口。可是不吃荤腥的鸭子长不肥，也不肯下蛋。于是我们这些小屁孩就去附近的塘里摸螺蛳，塘水很清，石头上是滑腻腻的青苔，翻开了，吸着好多螺蛳。有时候一脚没踩稳当，或者青苔太滑，掉水里湿了大半截。我这个旱鸭子现在都后怕，搞不好小命没了，也不知道当年我妈是怎么想的，三天两头赶着我们去摸螺蛳。

院子里捡块平整的青石，用小锤子将螺蛳敲碎了给鸭子吃。鸭子们摇晃在我们周围，看到敲碎了一个，立刻伸出扁扁的嘴巴。除了摸螺蛳，还去运漕河边捡人家剖鱼丢弃的鱼肠子鱼鳃，剖黄鳝丢弃的肠子头尾。黄鳝头真不小，需要用剪子剪开了才能喂鸭子，就这样将毛茸茸的小鸭子喂成大麻鸭，然后开始下蛋。别以为我们这么勤劳地整饲料是为了能吃鸭蛋，门都没有。青皮的白皮的大鸭蛋存起来，端午前腌制。洗干净鸭蛋，到小岗子挖红土，还有一项准备工程是捣盐。

我们小时候吃的盐是灰白色大粒盐，不是现在这种雪白粉状的。据说腌菜必须得大粒盐，但是腌咸蛋得将蛋两头粘上盐，大粒盐粘不上。我们就在家里的石臼里舂盐，舂碎了，将鸭蛋在红土里滚一遍，两头粘上盐，然后放在坛子里码好，坛口封好。也有人家简单从事，直接将大粒盐放热水里融化了，然后将鸭蛋泡在盐水里，养个十天半月就能吃了。不过除了端午我们可以白嘴吃一个咸鸭蛋，一般得等到大热天，晚上煮稀饭，老妈从坛子里摸出两个鸭蛋洗净了煮一煮，然后用刀剖开。跟剖西瓜一样，对面剖，然后再剖，我记得特别清楚一只鸭蛋剖成八瓣。

有个规矩，吃了蛋黄必定得吃蛋白，不许专挑蛋黄吃。咸鸭蛋最美味的是蛋黄，从蛋黄可以看出这家鸭子伙食情况。荤腥吃得多的鸭蛋黄红汪汪的，且特别油，筷子插进去，会有红油滋出来，吃的时候沙鲁鲁的感觉。食草较多的鸭子，蛋黄颜色发黄，油水也少，就像人黄皮寡瘦一样，当然吃起来也会觉得柴了。晚饭的时候，各家将凉床放在院子里，凉床一头放着小菜，一头是一大锅稀饭，一家一家的拿小板凳坐在凉床头喝稀饭，互相都能看到对方家的咸菜炒的是蚕豆还是螺蛳肉，鸭蛋黄油不油红不红。大人们伸出筷子敲一下娃娃头，说你看人家多懂事，鸭子喂得多好，蛋黄油直淌，你就晓得皮，叫你摸螺蛳难得很。

不劳动不得食，我们一小就被这样教育的，一粥一饭的不易也是一小就懂得。这些道理受益终身。

# 鸭蛋黑

红得发紫，紫得发臭，说的是人，鸭蛋也有份。鸭蛋一坏就发黑发臭，这个坏是经不起时间考验，鸭蛋们会变质。谁能经得起时间摧残？除了妮可·基德曼，她有玻尿酸撑腰。

还有虫子。夏天蚊子出来，小尖嘴插鸭蛋壳里一撩拨，完了，鸭蛋们立刻魂飞魄散五迷三道。我妈摇摇，鸭蛋呼噜噜响，散黄了，立马第二天中午餐桌上就有一道炒鸭蛋。我妈和镇上所有人家的爹妈们都相信，散了黄变了味的鸡蛋鸭蛋，打散了下油锅炒一炒，什么细菌都没有了。老实说我们也没吃出什么异味，为了多搛一筷子炒蛋饭来不及嚼就往下咽。我哥嘴大喉咙小，很容易被噎得白眼直翻，没人同情他，妈扒几口饭就得上班去，顶多抽空刷他一筷子，吃饭都不会吃，慌里慌张赶着投胎啊。

其实就为了多吃一口炒鸭蛋，炒臭鸭蛋。现在说起来，真是难堪。

鸭蛋腌好了，鸭们在继续下蛋，这个时候的鸭蛋如果不被卖掉，那就是打蛋汤用。比起鸡蛋，鸭蛋有凉性，更适合夏天的时候打海带汤。一只鸭蛋一锅海带汤。我妈不吃，说海带鸭蛋凉性大，也不知道我们镇上哪个赤脚医生告诉她的，说她不能吃凉性大的东西，害得她连西瓜都不敢吃。现在血糖高了，海带倒是不忌嘴，西瓜碰都不能碰。至于鸭蛋，只吃蛋白不吃蛋黄，医生说上了年纪还是不要吃蛋黄，我妈这辈子最听医生的话。

虽然鸭蛋腌了以后跟妮可·基德曼一样，可以抵抗时间，但是内瓤子还是无可挽回地被时间腐蚀了。夏末，咸鸭蛋开始臭。放到锅里煮，煮着煮着噗一声爆开，如果外形完整，剖的时候蛋黄渐渐发黑，跟月晕一样，只剩顶里面一点是红红黄黄，油汪汪，再久，连这一点也不可避免地黑，是丹泽尔·华盛顿那样有光泽度的黑，气味从咸香转为臭香。臭和香可以互相纠缠形成独特的气息，初闻有点突兀，多闻一会儿，其实也很有滋味。这个时候，咸鸭蛋咸得要命，又咸又臭的咸鸭蛋放在饭桌上，有点招苍蝇，可是也下饭。我们那会儿咸鸭蛋算是道好伙食，不够吃，但是家里总是有咸鸭蛋错过了最好的时光。我们惦记着，以为妈忘记了，会提醒她，我妈不理会我们。臭臭的气息从坛子里钻出来，在厨房萦绕不绝。时间久了，习惯了，我们真的忘记了。

直到有一天我爸歇探亲假回来。第二天一早，妈煮两只咸鸭蛋，一碟子水辣椒，炒一锅炒饭，我爸蓝边大碗一口气吃上两碗。然后开始干活。家里有很多需要男人做的体力活攒着呢。买煤、买米、挑水，把锯子、斧头、刨子木匠家什拿出来，又是锯又是刨，给哥做个书桌，给外婆做个摇椅，好一阵忙活。我爸吃饭的样子真是非常香，他那时候四十岁不到，一回家整天忙个不停，我们好喜欢看到爸在堂屋里忙碌的身影。一个探亲假，坛子里的咸鸭蛋被爸吃光了，如果没吃光，妈会全部煮熟，让爸带走。爸不带，妈说带着带着就几个，忘在坛子里，小家伙都不吃。

明白妈特意把咸蛋留臭是长大以后某一天。我们把臭了的鸭蛋扔了，被我妈看见，头直摇，你爸最喜欢吃臭鸭蛋，年年我都要特意留臭几个，你们这些不晓得好歹的东西。

我知道我们都是不晓得好歹的东西。等我们晓得好歹，已经迟了。

# 乡下就是米当家

没有什么稀罕东西，乡下就是米当家。一家的口粮，口粮之外也是指望着米卖了换。饶是这么精打细算地插秧点豆子，不当家的糯米却总要种上几分田，年节上少不了。

糯米白，糯米长，糯米油。在我家乡，最好的糯米叫三粒寸，大概意思是三粒就有一寸，这样的糯米苗条但是饱满紧致，像白皙的运动型美人。糯米磨粉做年糕，做元宵，糯米食抵饱，我们一帮孩子整天上蹿下跳，大人们说，吃糯米食的，一身蛮劲。搬个重物，挑个重担，也说，不吃糯米食还真搞不动。糯米够筋道，糯米也难消化。消化功能弱的吃不得糯米食，胃不好的也吃不得。我还记得我爸有个老朋友，也是老同事，狂犬病去世了，儿子顶职，过了年来上班，我爸总是要喊他吃饭，到元宵节更是免不了，他特别喜欢吃元宵，但是年纪轻轻胃不好，胃出血住过院呢。元宵节总要下元宵，下元宵不能不给他盛，少盛两个意思一下，他也不见怪，自己去锅里捞，我爸又不能阻止。也是仗着年轻，顾了嘴巴没有顾到身体，吃多了消化不了，胃疼，小伙子一个人住单身宿舍，疼得打滚都没人知道。后来他妈妈从乡下来了，好好埋怨了我爸一下子，我爸只能受着，一句话也没法说。这个时候我已经十一二岁了，人情世故晓得了一些，晓得我爸是看在老同事份上，也是人家孤儿寡母的自己是个男子汉应当担待。他压根没有想到过了两年，他这样吃糯米饭一样的男子会丢下一家子老小。

除了元宵年糕，糯米最好吃是蒸。煮出来的糯米除了早点摊子炸糍粑，就是包到粽叶里面裹粽子煮熟，或者家里过年炸糯米圆子，当米饭吃实在太腻。屉子蒸出来的糯米干爽柔韧，香气扑鼻。尤其是腊月的晚上,天黑得早,晚饭也早,饿得也早,糯米泡了一个下午,现在酥了,容易蒸透。屉子上铺一层干净纱布,糯米摊开,切碎的咸鹅丁掺在里面,咸鸭咸鸡也行,真没有,切一点碎咸肉也行。蒸好的糯米又香又咸又滋润,我们临睡前一人吃上一碗,每个冬天都贴一身膘。现在想想,那会儿我们怎么那么能吃,吃得我妈都犯愁。

现在街头卖的粢饭团,就是蒸糯米,甜的包一层掺了黑芝麻的白糖,咸的包一层拌着辣萝卜丁的碎油条。又香又甜,一个上午都不饿。到了春天,将糯米染上色,是深紫红的乌饭团。这里有个典故,据说古代有个孝子叫目莲,母亲因罪入狱,目莲给母亲送牢饭,每次都被狱卒吃了。后来目莲做成乌饭送去,狱卒见是黑色的饭不敢吃,目莲的母亲终于吃到了。到现在,安徽沿江一带每年农历四月初八乡下都要吃乌饭团辟邪。将乌饭树叶子捣碎浸泡用纱布过滤出乌叶水,乌叶水泡糯米,蒸熟的糯米乌黑发亮的。这个著名的《本草纲目》有载:"摘取南烛树叶捣碎,浸水取汁,蒸煮粳米或糯米,成乌色之饭,久服能轻身明目,黑发驻颜,益气力而延年不衰。"非常有蛊惑人心的力量,这也是一种正能量。不过乌饭团比起白饭团,视觉上更为独特,滋味上也充满了神秘色彩。

我们报社以前没有搬家的时候,在闹市区,走上几百米,就有一条巷子,密布各种小吃摊,包括卖渣肉蒸饭的。五花肉用渣粉搅拌晒干,加上切成细条的千张皮,和糯米一起蒸,豆腐皮打底,糯米铺在豆腐皮上,渣肉放最上层,方便肉油蒸出来一层层渗下去,到了千张皮这一层有效拦截住,汁水完全渗到米和千张皮里,一点不浪费。渣肉蒸饭是酱红色的,因为渣肉要放酱油,千张皮也是酱红色的,渣肉蒸得特别透,瘦肉已经是烂软,肥肉几乎入口即化。来个二三两,吃完了一身力气,几乎觉得自己可以去景阳冈打虎了。

春天插秧是个辛苦活,所以乡下年年腊月要做糯米年糕、糯米粑粑，来年插秧下到粥里，又方便又抵饱。我们家倒是不插秧不下地，但是我外婆喜欢糯米食，喜欢吃元宵，喜欢吃糯米蒸饭，年纪大的人，在我家乡，是不吃这样硬扎的食物的，这证明肠胃好，也证明身体好。家乡的老人呢都喜欢一副体弱多病的样子，动辄这里不舒服那里不快活，吃不下喝口稀的，这样是显得自己需要同情照顾还是给家人一个暗示，赶紧善待自己，我就不知道了。我外婆也是，天天把死挂在嘴巴边上，但是一碗十二粒元宵嘴巴抿抿就下去了，可不是现在超市里的元宵，鹌鹑蛋大小，还包了一包豆沙芝麻馅。都是自家手搓的元宵，实心的，快赶上乒乓球大小，吃进去，个个小拳头一样结结实实打在肚子里。

　　我爸去世是秋天，我外婆得了信，在院子里哭得好伤心，她说，这样一个能吃糯米饭的汉子，怎么就没了，我这个老不死的，活着干什么。后来我外婆又活了好几年，七十几岁去世的，其实按照我外婆的身子骨，她应该能硬硬朗朗活到八九十岁的。但是我爸去世了，当家的没了，我们家散了，外婆去了舅舅家，我们姐弟三个是在外婆跟前长大的，好些年我们不提这个话头，提起来难过得很，我们心里晓得，剩下那几年她过得不好。

# 半块腐乳就白粥

腐乳就是我们这里说的豆腐乳，豆腐发酵做成的，我的婆婆就会做。将豆腐切块，三公分长宽半公分厚度，其实切大块或小块随意性比较强，然后让它一边呆着发酵长毛。制作过程不算艰难，这玩意成本又不高，就是做到坏得没法吃，损失也不大。而且，本来，豆腐乳就是发酵霉变的玩意，味道怪一点在情理之中。食品卫生管理局监控不到这一块。

婆婆将成品泡到水磨辣椒里，吃的时候筷子从坛子里搛几块，倒点油，死咸死辣冲口而入，别的味道退避不及，也就挑剔不起。乡下的日子，一块辣豆腐乳两碗米饭，吃了就去田里干活出体力，哪里有工夫跟你搞一碗白米粥半块豆腐乳，栀子花茉莉花芳香四溢，一杯清茶袅袅婷婷地铺陈。生活真不文艺。

一味地辣，其实伤了豆腐的心。豆腐的细腻柔和绵密，经不起辣味掠夺性杀戮，尤其是在时间中由吹弹得破的柔嫩到瓷白腻白板结得心事重重的豆腐。太细腻总是容易受伤害，不是辣椒的问题，不是时间的问题，是豆腐自己的问题。

真正能够当得起化腐朽为神奇逆袭人生的，应该是臭豆腐乳。我婆婆做的豆腐行话说是红方，正宗的红方是加红曲，我婆婆不计较，加水辣椒，形似。臭豆腐乳叫青方，从盐和时间深处漂浮起来，一小块一小块码在玻璃瓶里，王致和是代表作。颜色不好看，气味不好闻，但是味蕾喜欢。半块腐乳就白粥在很大程度上应当是半块臭豆腐就白粥，口味与情趣的独特对得上。要是半块辣腐乳，殷红溢满白粥，视觉上有点子突兀，和清风徐徐花香淡淡的早晨有点不搭调。且辣乎乎的腐

乳，一上嘴就得呼噜噜猛喝一气粥才能解辣，这场面煞风景。

臭腐乳更下饭，用来佐粥也有点大材小用。童年的镇子里，总有小贩挑着桶走街串巷卖豆腐乳。说是木桶，比木桶腰围粗壮许多，身量短小许多，更像加高了一倍的木盆。豆腐乳们团团坐在桶里，一层一层排兵布阵，一只木桶可以码几百块。一头是红腐乳，一头是臭腐乳，挑着担子的小贩沿街叫卖。谁也不知道他从哪里来，要去哪里，只知道大差不差的时间段他就出现了。主妇们给孩子毛把钱、一只碗，买个十块八块。接了钱，小贩打开桶上的盖子，也是木盖子，跟我们家大锅上的木锅盖一样，用比一般筷子要长上两三倍的筷子拣出来整齐码进碗里,然后用白铁皮勺子舀点汁。我们总是遵大人嘱找小贩多要一些汁,光是用豆腐乳汁泡泡,一碗饭就能下肚。

也有人家用腐乳汁红烧冬瓜,夏天最不值钱的菜是冬瓜,香油炒炒起锅前将豆腐乳汁倒进去。冬瓜能有什么味? 清炒冬瓜能有什么味? 谁有这么清淡文艺的胃口? 小半碗腐乳汁化淡瘪为有味,有味,我们吃得香。当然是红腐乳汁,就是我们惯常说的香豆腐乳,真没听说有人家用臭豆腐乳汁烧冬瓜的。

说了红方青方,豆腐乳还有一款是白方。我们这一带一般是香豆腐乳,就是红的;臭豆腐乳,就是青的。至于白方,是没有加红曲的本色豆腐乳,当然可以加别的。超市的货架上各色腐乳比食品添加剂种类还多,来自开平的广合腐乳,来自王致和的玫瑰腐乳,来自浙江的火腿腐乳……比较普罗的传统食品,总是一个地方一个味道一个做法,虽然大致差不多,细节却是大相径庭。心虚在很大程度上是因为无知,这个领域水太深,我所知道的,不过是一点点生活常识,半块腐乳在一口大酱缸里扑腾儿个狗刨式。

豆腐是清淡的,豆腐乳是浓烈的。据沈三白说,他的芸娘爱吃豆腐乳。据冒辟疆说,他的董小宛爱吃豆腐乳,尤其是臭的。每餐小半碗水泡饭半块臭腐乳,然后帮他研墨铺纸做陪读夫人,帮他烧菜做饭做厨娘,帮他给他和他正妻的孩子做家庭教师,帮他做他们家的账房先生,帮他煨药打扇暖床做他的保健医生……我们替小宛不值,但她甘之如饴。这不是冒辟疆的问题,不是时代的问题,是小宛自己的问题。

董小宛的生活成本很低,贡献很大,该女同志性价比很高,和豆腐乳有得一比。

# 像鸭子一样吊起来打

烤鸭是要吊起来的。一提烤鸭，想起来的都是北京全聚德。食物就是这样，一旦出名了，就是一代宗师了。北京的东西但凡有点可圈点的，不都是闻名遐迩？人文荟萃之处，大家们随便一句两句的，立刻就贴了金上了榜了。这样说是因为吃了北京全聚德的烤鸭，也没有觉得有什么了不起，也许是现在供不应求偷工减料，也许是口味不同认可度低。吃惯了的味道才是美味。

我们吃的卤鸭分为两种，一种是红皮鸭子，就是烤鸭，一种是白皮鸭子，就是盐水鸭。盐水鸭其实南京的名头最响，跟北京烤鸭一个道理，流传已久，你不承认也不行。不过好在大多数食物是讲究个刚出锅的新鲜度，南京到芜湖一个多小时的车程，谁等闲吃盐水鸭跑趟南京？哪个小区门口不都有一两个斩鸭子的？你问问饭点前站在摊子跟前斩鸭子的人，十有八九都说芜湖鸭子最好吃。

红皮鸭子因为需要烤这一道手续，鸭皮是油润的酱油红，口感香脆，有人就特别爱吃这层皮。也有样不好，时间放久了皮就不脆了。到小区门口买红皮鸭子，摊主总是问你是不是马上吃，马上吃就把卤给浇上，省得你弄一手油，不马上吃不加卤，给你一袋子卤什么时候吃什么时候浇，保脆功能好点；白皮鸭子就是卤煮出来，咸鲜。也是只能吃一餐，第二餐不放心蒸一下，白皮鸭子咸得齁人。不然人家怎么叫盐水鸭呢？

红皮鸭子一餐吃不完，第二餐可以烧个冬瓜汤，夏天的时候，味道不错，又不浪费。是过日子的手法。

都抱怨现在鸭子不好吃。当然没有小时候美味，我又要哭穷了，小时候不常吃，因为吃得少所以更加好吃。再说那会儿鸭子不像现在的饲养方法，都是乡下散养的，盆里吃稻子地上吃草水里吃螺蛳，营养丰富全面，是如假包换的农家鸭。就说一句吧，那时候的鸭子哪有现在鸭子那么厚的皮下脂肪？光是撕扯下鸭皮，根根都和蠕虫一样，肉乎乎的。再不忌讳胆固醇的人心里也要犯嘀咕。

小镇子有好几家卖斩鸭子的，不知道为什么叫斩鸭子，应该是卖的时候摊主手持利刃一顿剁下去，整整齐齐码在碗里。和现在不一样，小时候买斩鸭子都是自己带只碗去。我们去的是街尾张伯昌家。我深刻记得张伯昌这个名字，因为当时收音机里刘兰芳大侃《岳飞传》，里面有个奸臣就叫张邦昌，我们简直乐坏了，一路过张伯昌家门口就大叫张邦昌，叫的他家几个孩子都冲出来，大叫秦桧。叫归叫，斩鸭子还是去张伯昌的摊子，不能去别家，即使不介意多跑几步路，但是街坊邻居的，如果被张伯昌或者他家里人看到了，那是会红脸的。

张伯昌的斩鸭摊摆在酱坊斜对面，土产店门边拐，中午晚上，张伯昌穿着一件油迹斑斑的围裙，站在摊子后面，和那些挂在柜子里的香喷喷红艳艳的鸭子不同，张伯昌干瘦干瘦，头发就像从石灰行钻出来一样，一层灰白色。中午他从十点站到一两点，下午他从四点站到天黑透。其实摊子要是收了，多走几步去他家也行，只不过他家里一地鸭毛一屋子鸭腥气，且黑洞洞的，心里总是不舒服。这门手艺据说是祖上传下来的，张伯昌的爸爸，爸爸的爸爸当年也是站在那个地方卖斩鸭子的。张伯昌的妈妈，张伯昌的奶奶和他女人一样，当年也是在家里蹲在大澡盆跟前，长年累月地收拾鸭子，大家都不太记得他女人的样子，因为那女人天天蹲着身子低着头，看到的都是头顶。他家还有个大炉子，是烤鸭子用的，我们都探头看过。红彤彤烧着烈炭，烈炭是《卖炭翁》里伐薪烧出来的木炭，燃点低且没有烟，木桶四周用铁丝挂着一圈烤鸭，铁丝是S形，一头勾在桶边，一头勾在鸭脖子中间来一刀的地方。炭火很热，鸭油往下滴，下面有盆接着。这些鸭油是做什么用的呢？据说人家都炼猪油，张伯昌家常年不买板油炼，他家吃鸭油，所以他家人都有股子鸭腥气。

但是鸭油那么腻，又不能当茶喝。所以张伯昌家还兼卖鸭油烧卖。糯米煮熟了，加葱蒜盐酱油鸭油搅拌，包在皮子里，一笼屉十几二十个，蒸一回。张伯昌家有好些个笼屉，熄火了就将笼屉放到热水锅上，温着。烧卖太冷了油重米硬，味道差多了。烧卖是早点，早点出摊子，不能单单卖这一样，张伯昌家还卖馒头，肉包子糖包子，只是最有特色的是鸭油烧卖。早点也是张伯昌出摊子，卖完了接着卖鸭子。不过张伯昌本人倒真没有多少忙的，他有四个孩子，最小的都十来岁了，个个都能做事了。

没有顾客买卖的时间，我们走过的时候能看到张伯昌坐在长凳上，大腿搭二腿抽烟。他们家日子过得富裕，一镇人心里都有数，家有黄金外有秤，瞒不了谁。

但是张伯昌的好日子眼见得出了问题，问题在他的二女儿身上。他的四个孩子名字都有点怪，这个二女儿叫百日红，也是家乡鸭子名字，比如和我同学的老四，叫张麻丫，昆山大麻鸭，小时候就是这样百日红麻鸭子地叫，到报名上学校的年纪，张伯昌就到接骨戴郎中家，请戴郎中给写个名，镇子上好多人家都是这样起名的。戴郎中捋捋山羊胡子，用毛笔在黄表纸上写下张百红，过几年又写下张麻丫，女孩子名字，起得马虎。这一年张百红十五岁，长得亭亭玉立，标标致致，眼睛雪亮，而且人很灵光，真是摸摸头顶脚底板都动的人，不像张家其他人，有点呆气。大家都说这个姑娘给张伯昌家扳本，怕就是张邦昌的秋香。《岳飞传》里大奸臣张邦昌的干女儿秋香，又漂亮又聪明，张邦昌献给了皇帝，成了皇帝的宠妃，和她干爸狼狈为奸干坏事。一镇子人都听《岳飞传》。我哥爱吃烤鸭，院子里经常有人拿我哥开玩笑，张伯昌家二姑娘长得好，人又伶俐得很，将来你娶了，天天你老丈人给你吃鸭子。

我哥还是混小子，啥事不懂，张百红真的动了春心，喜欢上学校的一个体育老师，天天往那个体育老师家里跑。体育老师其实就是学校老师的儿子，没有考上大学，当老师的父亲去世了，他妈妈天天到学校找校长，能干什么呢？学校安排带学生们跳跳蹦蹦吧，天天在操场上跑步打球甩着二分头，甩出花样了。镇子又小，流言四起，有一天张伯昌黑灯瞎火地从小老师家里把张百红给提溜出来，这叫什么事？张伯昌把张百红五花大绑在八仙桌腿上，抡起烤鸭子的铁丝小腿一阵抽，抽得张百红小腿稀烂，尽是蚯蚓一样的红条子，街坊都去拉，张伯昌的女人躲一边哭，张伯昌吼，你再去你再去我把你像鸭子一样吊起来打。

这句话是很惊心的。在我家乡，男子一般不打女儿，尤其是长大了的女儿，父女之间是生疏的。虽然大事情比如上不上学许给哪家都是男子拿主意，但是父亲不正眼看闺女，也不啰嗦，更没有摸个头发拍个肩膀这样的肢体动作。像这样的打大姑娘，相当不体面，用接骨戴郎中的话说，失了家教。大家原都以为他是骂张百红的，后来看他夺了张伯昌的铁丝冲张伯昌又讲了句失了家教，才晓得是责备张伯昌没有分寸。

可是，张百红的心思活了，张伯昌打不回来了。消停了几天，忽然传出来，张百红不见了，跑了。体育老师在家，说是来邀他一起走，他不肯，其他也问不出子丑寅卯来，也才二十岁，也给吓得不轻。张伯昌的早点摊子斩鸭摊子停了几天，他出去找人，没有找到，回来继续摆摊子。张百红是老二，上面有哥哥下面有弟妹，其实存在感并不强。而且小镇子里的女孩子虽然不像乡下女孩子养得贱，也不多金贵。街坊去斩鸭子，看看张伯昌的脸，皱巴得跟核桃一样，都不问，一来是丑事，二来忌惮他手里拎着把雪亮的刀，问不好别搞出什么问题来。只有张伯昌的女人蹲在大澡盆前收拾鸭子,眼泪水掉到盆里。

　　张百红再也没有回来,就这样人间消失了,那个体育老师倒是结婚生子一样没有落下。有时候站在斩鸭摊子前排队的时候,会想起张百红,想起张麻丫,想起张伯昌。好多年没有回去了,张百红有没有回家呢?你爸都去世了,现在斩鸭的是你哥,再也不会有人把你像鸭子一样吊起来打了,你还不回来吗?再不回来,你妈怕是等不到你了。

# 七宝汤圆

七宝在上海，是个古镇一样的小街。去上海，第二天早晨睡到自然醒。

自然醒也才七点钟。闭目养神，宾馆的早餐八点结束，打定主意留着肚子去七宝。就是七宝古镇，小吃一条街。

也不是说对七宝有多少恋恋不舍，不过是喜欢沿着记忆的乡间小路温习流年碎影。文字组合有点文艺女青年，习惯了，懒得去探究新的表达方式，时代往前走，我就是撒丫子追也不见得有我的份。

我是懒。车到七宝，沿着狭窄的古色古香的街道漫步，所谓古色古香的建筑亭台楼阁翘角飞檐朱楼，对于习惯了徽派白墙黛瓦简约清淡风格的我而言，其实是有点艳有点繁复。但是那是另外一种风格，也是一种美。

只是我还不习惯，所以不喜欢。

肚子咕咕抗议。街道两边小吃林立，在燥热的上午十点，满街流动的人个个已经开始冒出油汗，居然还有胃口对付油腻的烧烤，甜腻的打糕，当然，粽子是不可少的，嘉兴粽子还有塘桥粽子。海棠糕、白切羊肉等等。还有一个个红艳的猪蹄髈，垒在面前，太阳穿过狭窄的街道斜斜落下，为它们镀上一层油光可鉴的金色。叫花鸡包在荷叶里，我对叫花鸡很有兴趣，我很想知道那包裹在荷叶泥巴里面的到底是什么？和俏黄蓉的叫花鸡距离是不是我和这个时代的距离。

奔了一家汤圆店。三年前的国庆节，带着孩子来上海，朋友一家盛情招待，花样翻新地安排了几天的行程饮食，曾经到七宝吃过这家的汤圆。那天我们在楼上坐享，今天自己动手。这里的汤圆是先交钱买票，小票上只有几只汤圆。然后将票交给站在一个个大锅前面的师傅，你说要什么馅的，他给你舀什么馅的。卖票的女人坐在小小的格子间里，身后挂着水牌，上面列着汤圆的名字，枣泥、豆沙、芝麻、花生、菜肉、鲜肉等等，种类不算很多，都是一块五一只。三年前就是这个价。

　　要了四只汤圆。分别是豆沙、枣泥、芝麻和菜肉的。不要以为我很秀气，早饭没吃就吃四个汤圆。这里的汤圆可不是芜湖饭店里提供

的或者超市里咱们过节经常购买的那种鹌鹑蛋一样大小，有多大，鸡蛋大，一定要是洋鸡蛋才可以拿来比一下。它们在锅里上下翻滚，升起的白雾里，个个兴高采烈，像一群群快活的小白猪。

非常烫，我喜欢吃热的东西。这里的汤圆好就好在不是非常甜。油很重，很香。热量当然很高。可是一个人要是吃东西的时候老想着热量，快乐是会大打折扣的，所以我打定主意先吃再说。

四个汤圆吃罢，已经大汗淋漓，烫的。抬头打量，虽然楼上楼下，但是店面门脸很小，几口大钢精锅就在门口，煮汤圆毕竟不是烧菜，其实是很干净的，没有油烟。一个女人从楼上下来，找卖票的女人要筷子。当然没有筷子，吃汤圆用不着筷子。

汤圆是不是很好吃？这个就很难讲了。我也不觉得有多好，但是记忆的味道混在了汤圆里。你知道，每个人有每个人的记忆，阿甘的娘说，生活就像盒巧克力，你不知道是什么馅的。我知道我买的是什么馅的，吃的是什么馅，也许有舀错的可能，我可以选择要求换一个或者吃了算了。但是，我不能选择记忆，一如我不能改写我的过去。其实人人都是生活这锅沸水里的汤圆，各怀各的心思而已。但是，人生过半，世事看穿，煮熟了，什么样的心思也是白费心思。

吃饱汤圆，挺胸凸肚地站在七宝的桥头，市声如潮，清明上河图演绎的景致也不过这样的人生百态吧。那一瞬间，简直有一种悠然世味浑如水的叹息，和浑水摸鱼的快乐。吃饱了撑的人，可不就是容易莫名其妙地惆怅和满足。

# 关关雎鸠在喝之粥

前段时间本埠有部电影召开新片发布会，名字叫《关关雎鸠》，这个名字很雅，虽然《诗经》是两千多年前宫里的哥儿姐儿们派人到群众中去采集的民间小调，跟《红楼梦》里贾母一样天天山珍海味的，寻思着吃个野意儿。应该都是俚语俗话，但是再通俗的大白话发酵了两千多年，也醇厚得开坛醉十里了。

就跟一把白米，不管是粳米江米还是杂交稻这样的糙米，给足够的时间，也一准能煮成一碗浓稠的粥。

我家乡不叫粥，也不叫稀饭，叫个写不出来的字"拙"，不叫喝粥，叫"七拙"。并不是经常"七拙"，煮粥是要花工夫的，工夫不费钱，煤炭定量供应。早晨着急忙慌的谁会慢条斯理煮粥？通常是挖儿锅铲昨晚的剩饭，放点水烧个烫饭，糊弄糊弄算一顿。吃粥通常是夏天晚上。不知道为什么大人都觉得夏天太热，晚饭没胃口，煮上一大钢精锅稀饭，就着咸菜萝卜条，一人呼噜下两大碗。真是两大碗，一点不夸张，个个是容量可观的蓝边碗。粥煮得很到位，米粒子们魂飞魄散。通常是下午四点钟，米缸里舀两勺米，淘干净，大钢精锅放大半锅水，煤炉子门打开，旺火烧滚，滚上几滚，炉门半封，火小了，锅盖半掩。这时候就比较耗人了，搞不好就潽了，潽熄了炉火一顿毛栗子少不了的，潽了半锅稀饭晚上不够吃还是要先吃一顿毛栗子。看炉子这种事儿大人没工夫，你不干还不行。我妈说光棍饭大家办，光吃饭不做事就是浪费粮食。

看看米粒子都成米花花了，炉门封成一条缝，咕嘟咕嘟到五点多。院子撒上洗澡水，热气土气蒸腾而起。搬出凉床，滚烫的钢精锅放到

凉床上,一碗咸菜,一碗萝卜条,要是再有碗剖开的咸鸭蛋那就妙不可言了。为什么没有馒头呢?那是北方的营生,南方哪里有馒头,再说又是粥又是馒头,你当作客呢。等一家子在凉床前的矮凳子上坐下,两勺子一大碗,喝吧。我妈说现在这粥多融,她说的融是米煮开花了,以前她喝的粥一吹三层浪,哪里看到米的影子,光是水饱。我外婆一般不说话,有时候我妈说多了,她也不乐意了,说那时候哪家的粥不是一吸一条沟?打给你的还是勺子抄底厚的。其实我妈也不是针对外婆说的,是教训我们的。尤其是我,拿筷子在粥里划拉,我妈最看不惯,划拉什么?划拉得水寡寡怎么喝?我哥不说话,他一直比我识时务,不挑食,大概知道挑也没得挑。闷头猛喝两碗,喝得黝黑的后背全是密密的汗珠,我妈说,澡又白洗了。

白粥寡淡,夏天绿豆败火,通常会放一把绿豆。绿豆粥比白粥有意思多了。有的时候,外婆把晒干的豇豆剥剥,剥出豇豆米煮粥,总比白粥有些内容。我们那时候要求不高,只想着肚子里有点实打实的东西。说什么关关雎鸠在河之洲,那都是吃饱了的人整出来的文章,仓廪实然后知礼仪。老话没有错。

不过有句老话我一直没有整出来意思,说吃肉不如喝粥。喝粥和吃肉哪里能比?后来我看《红楼梦》,才弄懂"七拙"和喝粥那远远不是一个概念。《红楼梦》里,贾宝玉在薛姨妈那里稍微饮了两杯酒,先喝两碗酸笋鸡皮汤解酒,然后再来半碗碧粳粥压一压,谁见过碧粳粥?光这个名儿就高端得不得了;贾母吃红稻米粥鸭粥枣粥,老年人这是养生之道;黛玉姑娘先天不足,秋天得用燕窝冰糖银铫子熬粥滋补,这是大观园里花团锦簇的时候,等到渐渐下世的光景出来了,紫鹃为病中的黛玉姑娘只能熬碗江米粥。江米粥就没有什么了,而且这里已经是高鹗狗尾续貂,高鹗没有什么见识,不像曹雪芹有锦衣玉食的生活底子,三世穿衣五世吃饭,学问大着呢。喝了几碗《红楼梦》里的粥文化大餐，知道我这辈子不会有什么出息，要饱早上饱，要好祖上好，你说我这样靠稀饭混个水饱的人，先天的就是营养不良，蹦跶几下子就没有什么后劲了。

人要吃饱了，才会向前再想一步吃好，吃好了，再向前想，等到像《诗经》里的乡野小曲唱成阳春白雪，像《红楼梦》中将饮食提升为文化，吃，就不是吃了，吃就从形而下一跃为形而上。能够上升到什么阶段？你看过普鲁斯特的《追忆似水年华》吗？我也没有看过，厚厚三大本，没有吃饱的人是抱不动的，不过久闻大名。普鲁斯特被玛德莲娜小点心开启了所有的记忆，然后开始追忆他的似水年华，然后写成全世界最长的一部小说。后来曹雪芹家也穷了，曹雪芹在北京的西山，瑟瑟缩缩喝着薄粥写《红楼梦》，这碗粥不是碧粳粥不是鸭粥不是枣粥，没有撑起曹雪芹，也没有撑起《红楼梦》的后四十回。

一碗薄粥糊弄不了辘辘饥肠，这一点我们和曹雪芹一样清楚。刚才还灌得个个挺胸凸肚，几泡尿就饿了，饿了咋办？我哥是个实干家，不叫不怨不等待，拖过板凳站上去，将高高吊起的笸箕够下来，从笸箕里挖一大碗饭，用开水一泡，再来一碗，吃了踏踏实实去睡觉。我妈坐在院子乘凉，摇着扇子看我们忙活，抱怨，都睡觉了，还吃，胀饱了压床板啊？

# 前门情思打烧饼

打烧饼，说的是烧饼坯子出来之后，打烧饼的将烧饼贴在炉膛里之前右手沾点水先拍几下，发出啪啪的声音。不是在前门，而是后街口。小镇是以一条集百货店大小商铺为中心轴的主干道向两边辐射，靠近这条主街道的当然是街头，甩开的是街尾巴。烧饼铺子在其中一条街尾，我家住在距离烧饼铺子三四户的大院。这三四户都是院子，朝着街开一个大门，院子里几户人家都从这个大门进出。

炭火烧在桶里面，桶外面是白铁皮子，说白铁皮早就锈蚀肮脏得看不出颜色。烧饼揉好了摊成了，一种是长烧饼，也叫咸烧饼，像是三十一二码鞋底子，加料插酥，有盐有葱，一面抹一把白芝麻；一种是圆烧饼，也叫甜烧饼，糖馅儿，一面抹一把白芝麻。贴烧饼得往手里抹点水，有芝麻的一面贴在手掌上，低头，探身，伸手，将没抹芝麻的一面贴在滚烫的炉壁上，一面是炉壁的热度炕熟烧饼，一面是炭火的热度烤熟烧饼。炉壁贴满了，盖上炉口，这边接着揉面做烧饼。

十来分钟，滚热的烧饼就熟了。卖烧饼的这回不用手，用火钳子探进去，从炉壁上往下掀。烧饼们热气腾腾堆在烧饼炉口，炕烧饼的炉子口总是留着足够的地方放烧饼，估计也是就这炉口的温度给烧饼保温。

我们伸着脖子张着嘴巴看街尾罗爹和罗奶揉面打烧饼，我还记得烧饼三分钱一个。出炉的烧饼浓烈的面香弥漫了一条街，其实这是很残忍的，我们在烧饼的香味里来来去去，捞到烧饼吃的日子并不多。

罗爹和罗奶是独户头，没有子女的老人是很令人同情，没有子女的老人往往也是沉默的，罗爹和罗奶几乎不说话，除了和街坊招呼一声，不然人家不开口他们俩绝对不吱声，连相互之间也不说话，递个东西接个手，都不需要语言，也不需要眼神。

烧饼好吃吗？因为吃不着，所以总是在盼望中。上学路上还有一家烧饼铺子，不过做的是脆烧饼，个头和咸烧饼差不多大小，但是薄，不像咸烧饼除了烤硬的两层壳，还有厚厚的一层面肉。脆烧饼是在炉子里慢慢烤，烤得很脆，微微的甜味道。大概是费炭火，脆烧饼五分钱一个，贵了，也不抵饱。我们能吃到的是街头罗爹打的烧饼。

有一年粮站卖米搭配灰面，一家搭个三五斤灰面，我妈对于面食一窍不通，夏天也不能下面疙瘩吃，太热，拿不定主意中，洋铁箱里存着的灰面长出了黑黝黝的米油子。太阳底下一晒，米油子四处乱爬，我妈最后将小半桶灰面给了罗爹罗奶，折不上价钱，连着几个早上，罗奶都用蓝布围裙兜着十几个烧饼送过来，她低着头进来，也不说什么，将烧饼往桌子上一放就走。我们几乎都没有看到过她的脸，只看到灰白色的发髻像个小拳头攒在脑后，几根头发丝在脸边飘来飘去。没有孩子，一般总是将原因直接归咎到女人身上，不生孩子的女人，无疑背着沉重的枷锁，也许，她已经很多年没有抬头挺胸过日子了。

有人说罗奶经常挨打，挨罗爹的打。烧饼是早上生意，忙过了一早，罗爹坐在条凳上，候着零星买烧饼的。到下午三四点，凳子案板都撤回家，罗爹的烧饼铺子就在院子门口，院子里住了四五家，罗爹家在顶里面，离门口远是远，但是离其他几户人家也远。罗爹将案板扛进去，罗奶拎着两条凳子跟在后面。只有一个烧饼炉子立在院门口，几粒白芝麻散落地上，便宜了一只离家出走的鸡。剩下的时间，没有人看到罗爹罗奶，他们在黑魆魆的房间里一直要呆到第二天四点多出摊子。有时候从紧闭的门窗传出来动静，邻居说是罗爹打罗奶，罗爹矮是矮，但是结实，走路都是往前直冲，下手不会轻，但是听不到罗奶哭叫，一点都没有。

第二天早上六点不到，第一炉烧饼照旧贴在炉膛里了。这些年，吃过的烧饼种类很多，黄桥烧饼、徽州霉干菜烧饼、宁波周村烧饼，有馅的没馅的，油煎的干蒸的，可是还是罗爹烧饼厚实、香。咬一大口烧饼，热热的水喝下去，满嘴巴得劲。

离开家乡那一天早上，家里没有做早饭，锅碗都打包了，一人两只烧饼攥着上了船，可是没有带水，干烧饼噎得个个像鹅一样伸长了脖子。抵饱倒是一点不含糊，一直到下午一点多下船都没有觉出饿。

隔了一两年回家乡，没有看到烧饼铺子，放桶的地方空荡荡的。听说有一次打狠了，罗奶吊死了，罗爹也不做烧饼了，他一个人也做不起来，过了几个月，罗爹不见了。好几天不见动静，门上挂着锁，邻居们请德高望重的汪爹商量，汪爹做主大伙当面撬开锁，家里什么都不缺，就是人不见了。再也不见了。

# 菜坚强

　　我家乡有个很能干的女人，人称白菜心。这个白菜心不是年羹尧大将军吃的白菜心，据说奢靡的年大将军，一担子白菜剥出一碟子心。年将军的白菜心是包菜，也就是我们称呼的黄芽白。一棵三五斤不在话下，剥得剩颗菜心？嫩是嫩，又有个什么吃头？如果不借助高汤的话。

　　我家乡的白菜就是大白菜，绿叶子白帮子，大白菜的心也很嫩。冬天炒一碗白菜，菜心三五个，家里的孩子要是专找菜心吃是要挨骂的：你倒不呆，你把菜心吃了，让人家吃菜边皮！菜心粉白粉绿兼粉嫩，叫白菜心的女人也是，白净标致，我记得她冬天穿一件水粉色的棉袄蒙子，洗了又洗，人家早就洗次的了，我们那会在河边洗衣服，河水常常是浑浊的，浅色衣服很容易洗污浊。可是白菜心的水粉色褂子旧得发白，还是清爽爽的。镇子里的男人都要多看几眼，女人也要多看几眼。

　　白菜心的引人注目不仅在于干净，还在于会吃。这是个中性词，那会儿会吃就是好吃，女人就怕好吃，简直跟轻浮是一个等级的失德。同样是腌辣椒，旁人都腌辣椒片子，或者借只石磨磨水辣椒。白菜心不是，白菜心把红辣椒洗净晾干，一只辣椒里面塞一粒蒜子，腌出来的红辣椒蒜香脆爽；同样是腌萝卜，旁人是将萝卜切瓣，盐、五香粉、辣椒腌。白菜心不是，白菜心将萝卜切片，但是不断，然后糖、醋、盐泡起来，捞出来吃的萝卜酸酸甜甜脆脆，不像腌萝卜条，能把板牙拽掉了。白菜心天天鼓捣这些，变着花样，把我们都给馋坏了。

　　可是白菜心三十岁了，没有孩子。我家乡那会儿女人二十岁就抱娃了。我妈和我爸订婚后,我爸当兵去了,一去三五载,军婚不能退,可是看看我妈二十出头了,我外婆急得跳脚。我爸一退伍我外婆就赶紧张罗着结婚,啥条件都不讲。我妈二十四岁结婚二十五岁生我大哥,同一茬女伴们孩子都能打酱油了。三十岁的白菜心简直让镇子里人人侧目。忠厚地说,这个女人可怜,不找点事情岔心思不行;刻薄地说,你看人家罗奶,没孩子,还不是咸菜水拌饭,难怪不生,这个女人没心肝。

白菜心一家是开店的,前店后家,卖土产日杂,锅碗瓢盆,镰刀锄头,张伯昌的烤鸭摊就开在她家店门外。这样的店每天进出乡下人,人家都是灰扑扑的,连张伯昌的烤鸭摊子说是卖吃食,手一摸,又是灰又是油,根本不能下手。白菜心家不是,每天早上,下了槽门,先是扫地,然后打一盆水,开始抹灰,抹得一尘不染。然后她一边照顾着生意,毛豆上市剥毛豆,蚕豆上市剥蚕豆,手里不是拿着针就是拿着线,缝缝补补勤快得很。白菜心的老公在灯泡厂上班,一早出门,基本上不管家里,家里还有个婆婆,这个婆婆是个狠角色。也许作为一个将遗腹子养大成人娶妻的女人,有本钱狠,不狠也熬不下来。她婆婆每天有个比吃早饭还要必须做的事儿,就是咒骂媳妇,中心内容就是不生孩子。我们路过或者斩鸭子,都能听到,白菜心的婆婆扯着嗓子,骂得才难听,连路过掉儿句到耳朵眼里的,都感觉头发竖起来了。镇子里老人虽然也说这个婆婆太恶毒,但是又说,人家受了齐腰深的苦把个儿子拉扯大,就是指望着开枝散叶,实在也是怪不得。

可是卤水点豆腐。饶是她这么骂,她儿媳妇一声不吭,该干嘛干嘛,该吃吃该喝喝。要不是饭点,骂着骂着,她媳妇突然站起来,自己打两个蛋,下一碗面,油盐酱醋葱加上,呼噜噜吃。把婆婆气得要背过去。大家都说白菜心比她婆婆更狠,是里子狠。那时候没有坚强一说,要是有,早就呼为菜坚强了。镇子里人说,这媳妇看着是白菜心,其实是块硬骨头。她婆婆要把这块硬骨头啃掉。我家乡，结了婚女人自己走，当年的彩礼什么的要退掉，要是夫家赶走的，一分钱都要不回来。她婆婆想着羞臊走这个媳妇，给儿子另娶一个，娶两个还是花娶一个的钱。媳妇就是占着鸡窝不下蛋，婆婆急了，骂的时间和强度加大，终于有一天，吃午饭，婆婆骂得嘴角起白沫，她儿子闷头吃饭，照样一声不吭，白菜心忽然抬手将饭碗砸到地上，跟丈夫说，走，我们到大医院去。

镇子里县里西医中医也都看过，光是喝中药，白菜心就喝了两稻箩都不止。第二天，夫妻两个到芜湖，据说又到上海，小一个月才回来。回来之后，一镇人天天看白菜心的肚子，看了许多日子，白菜心肚子仍然像鲹鱼一样没有鼓起来，但是婆婆不骂人了，婆婆进进出出都悄无声息，吃饭睡觉，一句话都不讲。据说是儿子没有生育能力。现在想镇子里真是怪，就像这个事儿，婆婆不会讲，儿子不会讲，白菜心也不会讲，男人不会生，实在是个丑事，但是大家都知道，不晓得怎么就存不住事。

过了二三年，白菜心肚子突然大了。一镇人都疑心，据说是借种，借的是婆婆娘家侄子的种。这种事不光彩，但是也不是没有，好歹算是出了房门没出家门，一床被子盖掉了。十月怀胎，白菜心生了个儿子，白白胖胖的，白菜心和她婆婆都很开心，她男人和以前一样面无表情。出了月子，抱着儿子坐在店里，白菜心脸上粉团团，嘴巴红嘟嘟，还是清清爽爽伶伶俐俐，压根不像三十多，像二十几岁的新嫁娘。养了年把，孩子会咯咯笑会到处爬，过元宵节，男人喂了孩子四分之一粒元宵，这个孩子一口气没有上来，噎死了。都当成奇闻，四分之一粒元宵也不是多大，主要是这个男人喂的，不能不叫人疑心。可是大家也不好多关心，这孩子来得总归不是正路。哭得最伤心的是婆婆。草席裹了，孩子埋到了黄仁岗，那是个乱坟山。

　　等过了几天开了店门，白菜心坐在店里，脸色发黄，眼睛发直，褂子前襟一片污渍，好像一下子老了二十年。可是镇子里三十几岁的女人大多数是这个样子，也就不显得太突兀。倒是土产店里面，好一阵子没有打扫，摸哪都是一层灰，老厚。

# 夜雨剪春韭

这句诗是老杜的，这句诗有生活的热气，也有季节的寒气。春天的有雨的夜晚，到菜地里去割韭菜，虽然乡下菜地一般不会离家太远，一日三餐的，掐把葱拽根蒜，图个顺手不是。可是春夜、雨夜，怎么着也落了一身的寒气，手里拿着一把韭菜，韭菜上还挂着雨珠，镰刀上也挂着雨珠，斗笠上也有雨珠吧？

夜雨剪春韭，新炊间黄粱。人间俗事物，可是俗得有色有味，意境也好，朴实无华，但是温暖人心。是寻常饮食的格调，也是文字的体贴处。

头道韭花浆藕，是民间味道的极品。韭菜跟葱蒜一样，是可以再生的，割了长，长了割，生生不息割割不止。古人有诗：离恨恰如春草，更行更远还生。我觉得说离恨恰如春韭更生动。但是无论后面能割多少道，第一道韭菜味道最好，据说。我说据说是，菜市场里的大妈总是跟我说她这韭菜是头道韭，说得我想相信都相信不了，原因，你懂的。且如今的韭菜，叶子宽了颜色淡了，再说你又不是水豆腐又不是水灵灵的大姑娘，怎么一进锅就滋出来半锅水？韭菜什么时候变了这个德行？小的时候，院子里墙根下，一溜儿几只破脸盆，满种着葱、蒜，烧个汤做个鱼，菜在炉子上呢，紧走几步掐点葱蒜就行。那时候卖菜的不像现在殷勤，会附送几根葱传递点温暖。至于花钱买几根葱蒜，你钱多了烧的？把葱蒜根埋土里，几天工夫不就长出一大截子？韭菜也是，不用操心，顶多有时候掏点稻草灰肥肥土，这又不是难事。不花钱只要动动手脚的，在我家乡，均是手皮子上的小事。一盆大蒜，发了芽，叶子宽颜色绿；一盆小葱，发了芽，纤细嫩绿；一盆韭菜长上来，叶子比蒜细比葱宽,颜色是墨绿,最深。都是绿色系,都是长夭夭细条条的叶子,各有不同。

韭菜的吃法非常单一。热油下锅,仅此而已。还有一种是一半韭菜一半绿豆芽,也是热油爆炒,我不知道这样的吃法是不是普及,我小时候常吃。搞不好是一脸盆韭菜割下来不够一餐吃。切碎了摊韭菜粑粑,香得很。还有就是韭菜做馅,这个门道很多,饺子馅包子馅饸子馅。做馅韭菜比荠菜随和,虽然荠菜有股子田野的清香,但是太寒苦,得有大量的动物脂肪来滋润。韭菜可以一素到底,韭菜粉丝切碎了,不需要肉末都行。荠菜,你不豪放地拌肉末,而且一定得有肥肉末,一准干枯得涩嘴巴、拉喉咙、刺挠胃。韭菜和肉属于人生不相见,动如参与商,但是毫无怨言。不过虽然寒素,韭菜却和葱蒜一样被佛门拒绝,《大佛顶首楞严经》里说的"五荤菜"说的就是葱、蒜、韭菜、芥头以及兴渠。据说这五种蔬菜吃了,会有生理反应,妨碍清净修定。没有想到那样一把子单瘪瘪的韭菜还有这么生猛的心思。

韭菜包子饺子吃过,韭菜饸子只在书里看过,不过印象非常深。书名《醒世姻缘传》,说有个纨绔子弟狄希陈惧内得很,偏偏也花心得很,离开山东老家到北京捐了个小官,偷偷纳了小,两头大的格局。一天家里在柴锅上烙青韭羊肉饸子,家前院后扑鼻子香。亲戚家一个佣人来取东西,没有留这个佣人吃。这个佣人不是省油的灯,找了个便把消息透露给家乡的那口子,于是悍妇千里赴京城来问罪,掀起一天波澜。最后寻根溯源,人笑这个佣人争嘴,佣人说:"罢呀怎么,每遭拿着老米饭、豆腐汤,死气百辣地揣人,锅里烙着韭菜羊肉饸子,喷鼻子香,他没割舍的给我一个尝尝。"君子争礼,小人争嘴,你也怪不得他。《醒世姻缘传》是本很好玩的书,说的是因果报应,风物人情鲜明。不就是看风土看人情吗?吃不到柴锅烙的青韭羊肉饸子,闻闻味儿也是香的。

一垄韭菜长起来扑棱棱的。不割就老了，割下来腌起来。腌韭菜可是我们小时候家常小菜。没什么技术含量，就是下盐而已，揉倒了放到坛子里。吃的时候掏一把，墨绿色的腌韭菜跟一头丰盛的海藻一样的头发似的，掏出来切碎，浇点熬得滚烫的熟香油，就这么生吃，非常下饭。下饭是草根一族奉为美味的第一标准。生韭菜不能放久，第二顿就不鲜了，没有关系，饭锅头蒸一蒸。咸韭菜蒸熟了是黄色的，不似生的有韧劲，而是绵软醇厚起来，还是很下饭。这顿吃不了下顿再蒸，越蒸越软，我记得蒸到最后韭菜软得发糊，添半碗饭一筷子搛了吃完好洗搪瓷盆子。蒸了多次，搪瓷盆子外面粘的饭粒子都干了，真不容易洗掉。

韭菜的唯一缺点是有气味。如果早上吃了韭菜，一天口腔中都有股子辛辣气，绵绵不绝，最好免开尊口，不然这口气太无礼。尤其是生的腌韭菜，有多好吃就有多难闻。现在人讲究形象，韭菜越来越登不上大雅之堂。不过有时我想想，我们小时候，韭菜满上市，家家腌，家家吃，娃娃们早晨都是烫饭就韭菜，早读课的时候语文老师怎么忍受一班孩子哈着韭菜气书声琅琅？多想想也想通了，老师早晨吃的也是韭菜，经常看到老师领着我们读书的时候，牙缝里粘根韭菜，也没谁言语，有时候一天下来，韭菜都在，也是以毒攻毒。

# 腌一坛好菜

进入冬天，是腌制咸菜的时令。物质匮乏的时代，或者追溯得更远，农耕时代遗传下来的习性，青菜大量出产的时候，为了尽可能延长它们的食用时间，也为了在大雪封门的寒冬腊月，餐桌上有菜。当然，还有重要的一条，青菜便宜，咸菜下饭，又便宜又下饭，哪里找的好事？

腌一坛好菜，对于过日子来说，非常重要。便利，掏到就是；节约，万贯家私也架不住天天去酱坊买小菜。谁家冬天不腌上几坛子雪里蕻、冬芥菜、大白菜、高秆白，那是要被四邻八居戳脊梁骨，不会过日子啊，真是懒得生蛆啊。骂的是当家的主妇，三餐茶饭四季衣裳过日子的事情，过得好过得歹，都是家里女人的事。真正居家，如果腌菜坛子不是满的，咸菜不吃到来年的三四月，再虎背熊腰的女人也觉得心里发虚。

至于能不能腌出一坛好菜，那就不是女人能做得了主的了。再好的菜，有的女人就是没有生就一双腌菜的手，就是腌不好菜，这是天生的，一点办法都没有的事。

菜从地里上来，挑到菜市场，多的是半道上就给截了。菜是清早从菜地里割来的，带着露水，棵棵翘格格，虽然还是要太阳晒倒，但是鲜活的青菜更入眼也更入味。成筐的青菜要除掉黄叶子、虫叶子，要洗干净泥巴，一棵一棵挂到晒衣绳上或者摊在凉床条凳上，冷天的太阳再大也不过如此，晾晾晒晒干了，不能有生水。整棵的腌也可以，切碎了腌也可以，大澡盆里揉开，这个一般是晚上，做完了所有的事情，屋里屋外都安静下来，人心也定了，女人开始腌菜，这是一件很隆重的事情, 虽然咸菜不能待客, 但是咸菜能当家。女人将大澡盆搬到春凳上, 开始揉, 真是要有一把子劲, 揉倒揉好, 装坛。一边装一边用槌棒捣实, 一只腌菜坛子能装一大澡盆咸菜。封好口, 丢一边, 一个月上下, 就能吃了。开坛那一刻, 女人还是有点惴惴不安, 俗话说的一坛小菜才开头, 要是这个头没有开好, 后面臭菜烂菜几个月呢。开了坛口, 闻到酸溜溜的味道, 不是太酸, 而是微微的酸, 微微的甜, 那就是腌好了。掏一把出来, 青菜虽然被腌倒了, 但是滋润发亮, 形色不错, 那就差不到哪里去了。拈一片入口, 嚼起来咕嗞咕嗞, 又脆又爽, 好。腌好的咸菜时间越久, 颜色越黄润, 掏出来一碗黄澄澄的咸菜, 不仅仅是口舌的福气, 也是那家女人的光彩。就有腌坏了咸菜或者腌得不好吃的人家拿只碗来要半碗。

　　为什么会腌坏？同样一担子青菜为什么有人就腌不好？是因为没有洗干净没有晒好，黄叶子虫叶子没有除净，因为菜坛子没有封好，漏气了，因为菜坛子没有挑好，有沙眼，或者用了多年的菜坛子被调皮的娃娃碰损了，没有看到，原因可能很多，也可能只有一个，就是你没有生就一双腌咸菜的手。据说汗手腌菜就臭，我妈腌菜只能说得过去，稍微不留神就是一坛子蔫了吧唧的小菜。我也不行，稍微大一点，我妈就试了试我的手，结果也是。我的外婆有一双腌咸菜的好手，她腌出的咸菜又脆又黄又甜。但是老人家不乐意了，年年揉儿澡盆的青菜，这个是体力活。但是吃着我妈腌的咸菜，外婆又后悔，来年还是我来腌，你妈腌的这个菜怎么吃？

　　冬天腌冬菜，春天腌春菜，从冬芥菜腌到春芥菜，从白菜腌到菜薹，但是也架不住嘴来吃，几张嘴，真是山都能吃空。今天掏一碗，明天掏一碗，菜坛子越掏越空，咸菜水漫上来，时令也到了夏天了，瓜果丰盈，很快又有一批新鲜的蔬菜填充进来。腌菜坛子好啊。这个时候扔点什么进去，哪怕是肉紧肉厚一点味道都没有的刀豆，哪怕是吃过的西瓜的皮，扔进腌菜坛子，过了几天掏出来，咸津津脆生生，下饭小菜又有了。

　　咸菜虽然好吃，但业内人士认为，咸菜的营养价值不如新鲜蔬菜，在腌制过程中，容易造成维生素C、维生素B1等部分维生素流失。再者，蔬菜腌制过程中可能会产生亚硝酸盐，过量食用对健康不利。科学是个好东西，推动了时代发展；健康是个好东西，让人有更完整的感觉更长久地享受时代的发展，但是我觉得人也老是被科学和健康掣肘，这个也不能吃那个也不能吃，搞得人生无趣得很。

　　腌一坛好菜，从冬天吃到开春，从大雪封门吃到春暖花开，我不是说咸菜多好吃，有钱没钱，腌了咸菜再过年。勤俭持家安稳度日，就是这样细水长流，因着细水长流，才有一份天长地久。

洗手作羹汤

第三辑

# 萝卜在唱歌

厨房是个油腻腻所在。集合了各种颜色、滋味以及声音，还有心情。

黄昏的时候，我站在操作台前切萝卜，比乒乓球略大一些的萝卜，一刀下去，就有水滋出来。早晨在菜市里一个老奶奶跟前买的。我不会买菜，通常是在菜市里转三圈也不知道买什么，菜总归要买的，那就，碰到什么就是什么吧。

我碰到了萝卜。拥挤在一只蛇皮袋子里，像一堆粉嫩嫩的小白鼠。我对于蛇皮袋有莫名的好感，它们原先是用来装整袋的米或化肥，米被吃了，化肥用了，空下来之后，用来装各种东西，包括出去打工的被子，田里收回来的黄豆，要卖出去的新棉，摸爬滚打旧了，灰扑扑的，经纬里浸透乡下泥土的气息和回忆，简陋局促质朴，还有一种殷勤的善意，比如我家阳台一角的半蛇皮袋青柿子，那是婆婆特意从乡下送来的。过几天，我就去翻翻，看有没有熟的。我不急，我愿意等着它们慢慢熟，犹如等着我的小小的闺女慢慢长大。

卖萝卜的奶奶叫我闺女。她很老，伛偻着背，头发花白，有几缕凌乱地飘在前面。她要我把挑中的萝卜一个一个递到她手里，她给我削去根。看着她头那么低下去，那么用力地攥着小刀，手上的青筋暴起，我有点紧张，跟她说我自己回去削。老奶奶顾自削着，一边亮出萝卜的切口给我看，说，你看，跟梨子一样雪白粉嫩。

这样的老人，总是让我生出许多的亲切感，我喜欢买老年人的菜，平白的就信赖他们，相信他们说的话。有时候，他们说的也不对，比如他们告诉我韭菜是本的，大蒜是本的，结果韭菜炒出一汪水，大蒜炒出来根本没有蒜味。可是，这又有什么呢？这么大年纪还在劳作的老人。

还有一位爷爷，我也喜欢买他的菜，他看上去更像菜农而不是菜贩，没有固定摊位，带着两只箩筐打游击。有一次他直着脖子，跟人吹嘘他的毛豆还有他的好胃口。我在他边上买鸡毛菜，就听一个女人跟他还价，他不干，那个女人开玩笑说，你这么大岁数，要这么多钱干什么？老爷爷说，吃啊。那个女人说，你能吃多少。老爷爷立刻兴致来了：我能吃多少？一个蹄髈二十多块钱，我一餐吃个精光，老太婆筷子

都没有沾。是个干瘦的老人，像一只千年老人参坐在一堆新鲜蔬菜里，皱纹和得意的笑容把眼睛鼻子簇拥起来。为他的好胃口，也为他的好心情，我也觉得高兴，买了他的毛豆壳子，他说他的毛豆非常嫩，果然，剥了清蒸，又嫩又鲜。

菜市是个让人觉得愉悦的地方，那些蔬菜散发着植物新鲜的气息，让人总是想到它们在泥土里风露朝夕的样子；而厨房是个让人心静的地方，烹饪中的菜蔬是人间烟火的浓厚，居然那么轻易覆盖了人世的五味杂陈。看着毛豆米碧绿地沉在碗底，萝卜在汤锅中咕嘟咕嘟唱歌，有一种沉静的喜悦泛出涟漪。将白菜一瓣一瓣掰开，芹菜一根一根掐净，在砧板上噼里啪啦拍姜蒜，暮色桂花一样窸窸窣窣落下来，我的小小的女儿玩累了，跑回家来，在客厅里乒里乓啷找东西吃，油烟滚滚刺刺啦啦的人间烟火。人生的种种况味在这里一一过滤，只剩下原始的酸甜苦辣咸。

然后，解下围裙：来，我们吃饭了。

# 辣椒在尖叫

芜湖的女孩子都喜欢辣，芜湖的女孩子十之八九都爱吃麻辣烫。不好意思，这里的女孩子是刘嘉玲或者刘晓庆给出的年龄范畴。

吃麻辣烫是带一点可爱的行为，我说女孩子是不是比较的贴切，容易产生怜爱感。爱吃麻辣烫的女人？听起来有点邋遢。我的一个女友巨爱吃辣。怀孕的时候打着胃口不佳的幌子每天都吃，现在女儿八岁了，吃起麻辣烫母女俩一起上阵。看她在红通通的辣椒油里如鱼得水，我的舌根立刻发麻。我不是很能吃辣。所谓的不怕辣、辣不怕、怕不辣这样的文字游戏对于我没有什么号召力。

但是人间味道，辣的刺激性最强烈，最淋漓张扬，我喜欢这样鲜明的个性。小的时候，每年我母亲都要做水辣椒。春末还是夏初？母亲买来红辣椒，洗净，切片，加盐、蒜子，用石磨磨成水辣椒，然后放在敞口的陶钵子里，我母亲叫浅口缸，放在夏天的太阳下暴晒，辣椒鲜红的颜色晒浅，像人被晒脱了皮，为防止生虫放了很多盐，有时候盐花都给晒出来了，白白的浮在表面。夏天常常打暴，我记得我们经常冒雨冲到院子里把辣椒盆端回家，或者盖上盖——脸盆之类。淋了生水，辣椒要生蛆。

那时候辣椒要辣得多是不是？冬天炒白菜，在白菜碗边放一勺水辣椒。我父亲特别喜欢吃，我记得每次他休探亲假回来，早晨母亲给他炒饭，父亲能够吃两大碗，有着蓝边的粗瓷大碗，菜就是臭干子抹水辣椒，干子又臭又香，辣椒又辣又鲜，老爸吃得很香很香。吃完了，买煤买米，登高下低地做活，浑身是劲。

可是，已经很多年不磨水辣椒了，即使在饭店偶然碰到，冷眼它来

历不明的香艳，鲜有热情问津。不知道怎么回事，现在的辣椒不辣，虽然火锅店和麻辣烫继续一往无前地辣死人不偿命，但是菜市场里，无论是尖头尖脑的尖椒，还是敦厚的灯笼椒，或者卖菜女人骄傲地宣称本地椒，只是一路平淡平庸下去，有时碰到辣一点的反而很意外。我母亲总是说卖辣椒的女人要是厉害，她卖的辣椒就辣。不知道为什么有此一说，可是辣椒越来越不辣，菜市场里卖菜的女人们也越来越客客气气。烧虎皮青椒，把整只青辣椒洗净拍扁，在热锅里先爆一爆，然后加油炸绵了，搁豆瓣酱，喷醋。不辣的辣椒基本上可以当成青菜。我们没有老爸当年的好胃口，辣椒也没了当年的暴脾气。

据说四川的朝天椒、贵州七星椒、湖南小米椒非常辣，我没有见识过。不过有一年在海南度假，没事的时候到对面一个叫方村的地方闲逛，在菜市场，看到有人在路边卖辣椒，金黄色的辣椒圣女果一般大小，是我们这里灯笼椒的浓缩版，很黄很黄的黄。本地人称为黄辣椒。妇人嚼着槟榔，用篮子洗了一篮子辣椒，放到石臼里，加了盐，用石杵捣烂，一会儿工夫就得，可以想象辣椒薄脆。四五寸高的玻璃瓶子，一瓶十块钱，我们买了七八瓶。这辣椒很辣，辣到什么程度？我那位嗜辣的女友沾了一筷子之后，说一直辣到心里去了，而且这辣是喝水冲，吃东西过都不顶用，只有等辣劲过了才缓过气来。我的女儿拿了一瓶送给邻居，用抓瓶子的手擦了一下眼睛，这个小小的人儿被辣得放声大哭。卖辣椒的人说，他们原来有一种红金椒，那才叫辣呢，央视都介绍过。不过已经种不出来了。听说这几年方村大变样，开发商一路绵延十几公里，竖起的全是别墅，鳞次栉比。种辣椒的地都没有了，黄辣椒也种不出来了吧？

我不嗜辣，依然会回想起那些辣在舌尖停留的刺激。多么尖锐而美丽的辣，多么淋漓而豪放的辣。辣，是田园里一种高亢的野性之美。犹如一个内心无比高傲的男人，我只想将他搂在怀里。

# 坑爹的面条

当然不是卖弄面条的做法煮法，就我这两把刷子，糊弄闺女都已经力不从心，哪里还敢贻笑大方。

其实也不是没有做过面条。我记得我小时候，十岁之前，在运漕，粮站里卖米搭售灰面，长年累月地搭下去，无法忽视的存在。如何吃灰面对于吃惯了米饭的我们来说是个很大的难题，当然不能浪费，是粮食，最重要的是必须依靠它解决肚子问题。且攒久了也不行，会生虫子，大太阳底下，我们奉命从灰面里找一种褐色的亮晶晶的爬行非常迅速的俗称米油子——当然可以不找，那就得吃下去。

这些灰面会下面疙瘩，就是我们现在有时候会在饭店吃到的面鱼，不过饭店里做得又袖珍又美味。我们的爹妈没这个心思也没这个材料，热水烧开了，灰面加盐加水，和成可凝固状态，拿中号的勺子满满舀一勺，放热水里，煮得全部漂起来就得。顶多加把青菜。俗称癞蛤蟆，很形象。吃起来还是很筋道的。只是天天吃这个月月吃这个年年吃这个，娃娃们没有发言权，爹妈们已经吃倒了。

于是开始创新。做面条。和面，和得比做癞蛤蟆要硬，揉面，这个比做癞蛤蟆费事多了。揉好了摊薄，越薄越好，但是大人一没工夫二没经验三没这个精致心肠，有的人家是一公分厚度，有的人家是一公分加一公分再加一公分累积的厚度。宽度也有差异，有的是两公分宽，有的是三公分宽，有的是五公分宽。开水下面，碗里放盐、酱油、猪油、小葱，比起癞蛤蟆味道颜色都要胜一筹。但是问题是，一来这样比较费时，那时候吃饱了吃到肚子里就行，还远远没有什么食不厌精脍不厌细的心思；二来花费大了，油盐酱醋的多了，味道好了，吃得也多了。

双重的。这些灰面要对付十天半月的，结果一个星期就吃光了，短缺的那几天怎么喂饱这一群狼崽子一样的娃娃？对于我们的父母，对于粮食统购统销的时代，是个非常严峻的问题。

因为偶尔打打牙祭，所以后来吃真正的厨师的手擀面，不管是龙须面还是小刀面，反而没有什么感觉，最好吃的手擀面是童年时代又宽又厚的手擀面，刀子一样的胃口三下五除二就是一大碗。

还有一种面条，记忆里印象深刻。就是挂面。到了腊月里，在乡下，可以看到开阔的地方，一排排晾着细细长长的挂面。乡下人自给自足，不是万不得已不会花钱去买。四乡八邻总有个面粉厂，负责一

年到头的面条制作。到了腊月，家家户户都要做，谁家正月里不来客人？晒干的挂面散散地堆得小山一样，我们过年去乡下亲戚家，他们用大海碗下上一大碗挂面，里面卧着两个五香蛋，四个肉圆子，而且放上一大勺猪油——腊月里杀了猪，家家猪油罐子都是满的。即使是在那个年代那个年纪，我也觉得太油腻，但是挂面很好吃，又细又软，微微有点咸。我们过年家里都准备了几筒机制面，即使浇了鸡汤，味道远不如挂面，常常有股子蒿味。我估计是不新鲜的缘故，没有麦子应该有的香味。

前儿天有人请吃饭，主食是面条，常来常往。对于我这样笨拙的女人，对于这条说辞深感坑爹。一大碗面条转到你面前，不吃当然不好，被劝来劝去的。随喜随喜，可是怎么捞呢？一筷子下去夹起数根，伸出碗去接，有的面条一半入碗一半挂在碗外，你刚想腾出筷子挽救碗外的面条，它已经以迅雷不及掩耳之势回归集体。很抱歉人家要吃你的口水面条。如果像我的女儿一样用筷子搅起面条，问题更严重，面条们越搅越多，最后一大碗面条有大半碗全部缠绕在你的筷子上，拜托，是菜不好还是你胃口太好？怪不得，胖子就是这样吃成的。

# 鱼头鱼脑鱼脸蛋

闺女无肉不欢。所有痴心的父母都想着该多弄点鱼肉给孩子吃，虽然鱼们如今也是吃饲料的，安全性是不是比猪肉大一点？希望如此。

闺女不爱吃鱼。红烧鱼滋味浓厚，她还肯将就。至于说鲫鱼汤之类，无论煮出多么奶白的汤汁，她也不过在高压下敷衍几口。为了培养她爱上吃鱼可是煞费苦心的一件事，尤其是我这样讨厌油烟弥漫油星四溅的人。鲫鱼是首选，鳜鱼是最爱。我也就会这两样，至于谈老师大做文章的辣批长江小杂鱼之类，我是压根不敢问津。没有金刚钻，不揽那个瓷器活，咱老老实实本本分分按部就班最好。

只是洗得再干净的锅，为什么每次煎鱼都会粘皮呢？我煎出来的鱼从来就不是体体面面衣冠楚楚，总是脱皮烂骨狼狈不堪。当然，这个手艺不敢待客，但是每次端上桌还是相当有挫败感。还有，每次煎完一面，翻身再煎另一面的时候，总是翻不过来，锅铲铲过去，头和身体翻了，尾巴尖折断了。虽然也是红辣椒丝绿芫荽花枝招展地出来，其实拖鞋撒袜相太差。

冬天，是鱼头火锅热情高涨的季节。菜市场里鱼贩子陈列了一群鳙鱼头，即胖头，也有鲢子头。胖头是烧鱼头火锅的最佳鱼选，不过我也不是没有把鲢子头当成胖头买回家，无良鱼贩一眼就看出来我五谷不分鱼头不清。鱼头火锅有红汤白汤，红汤是辣的，白汤也有辣的，放的尖青椒，更辣。我们家鱼头什么颜色的辣椒都不放，闺女不吃辣。鱼头洗净沥干水，坐锅凉油煎成两面金黄，将葱段、姜片过油炸出香味，加热水大火煮开，然后小火慢炖，炖出奶白色。最后下嫩豆腐再炖个五分钟就得，我们家的鱼头火锅就是这样。起锅前下盐，这样盐的摄入量会少一点,不过也容易导致盐未来得及融进汤里,一口寡淡一口齁咸。

灶台上这个时候已经是油烟四处一片狼藉。可是,热乎乎的鱼头豆腐,闺女吃的是豆腐,她不吃白乎乎的鱼肉,白乎乎的豆腐倒不在意。所以红烧鱼的儿率要高得多。闺女也只吃鱼背上的肉,鱼肚子不爱吃,说软乎乎。鳜鱼的鱼肚子大部分都是蒜瓣肉,合闺女口味。坐锅热油,煎鱼至两面金黄。白醋焖十秒钟,入葱段姜片蒜瓣白糖酱油花椒煮,加盐起锅。就这糙手艺。

和闺女吃鱼,想起一件事,跟闺女说,有个台湾女作家,吴淡如吧,最喜欢吃鱼脸颊上的两块肉。她看那个男人爱不爱她,就看每次吃鱼

那男的有没有把鱼脸上的两块肉搛给她吃。闺女问鱼有脸蛋吗？当然有，有头就有脸。只是一般而言鱼脸颊上的肉不会太多，不像你妈长了张大饼脸，一个腮帮子都肉鼓鼓。闺女用筷子捣捣鳜鱼的猴脸，说，她爱吃就给她吃吧，我是不爱吃。我说问题是这个女的把这个作为判断男的是不是对她好的标准，你怎么看？闺女说，要是我就直接说出来，不然人家也许把整个鱼头都给猫吃了。

现在的孩子，也许是够自我，但是也够直接。为什么要那么含蓄地等待呢？等待够矜持，也够虚伪，更容易造成误会。文艺腔腔说起来好像有意思，生活起来其实很麻烦，直接是一种进化。不要九曲回肠的意念和感情，鱼头鱼脑鱼脸蛋，简单生活简单爱。最好。

# 寂寞红烧肉

红烧肉是烈火烹油的脑满肠肥，可是对于一个不吃红烧肉的人来说，看着眼前这钵艳光四射油光锃亮的红烧肉，却有一种说不出的寂寞。一如咫尺天涯的爱人。

从来不吃红烧肉，无论是毛家饭店的红烧肉还是老妈的红烧肉，一律谢绝。倒不是为了减重，还不是越减越重。每次被劝红烧肉，总有人说，这个东西看着腻，油都过掉了，热量不高。跟热量半毛钱关系都没有，我对于和肥肉的口齿接触非常抵触，生理性的。如果误食虽然不会立刻呕吐，至少呕吐感会绕梁三日，所以自小我的老妈无数次给肥肉丁穿上酱油冒充干子丁、瘦肉丁、笋丁，我只要咬一口立即验明正身划清界限。女友夭夭非常不理解，夭夭最爱红烧肉，尤其她奶奶烧的红烧肉，连皮带肉一点不浪费。夭夭信心满满地对我说，你这样不吃红烧肉的人，吃了我奶奶烧的红烧肉，也会爱上红烧肉。

夭夭娘家人从宣城带了一瓦罐红烧肉，为了培养我对红烧肉的感情，她忍痛割爱送给我一碗。我观瞻了，肉丁们日光浴过度，块块呈朱古力色。我对夭夭的盛情表示真心感谢，对夭夭奶奶的厨艺表示崇高敬意。还是没吃。

不爱红烧肉，也不打算爱红烧肉，也没有笨笨给我烧红烧肉，完全的没有红烧肉负担。但是，我的闺女，这个无肉不欢的娃娃说，今天她想吃土豆红烧肉。娘嘞，闺女这些年被奶奶养成了浓油酱赤的草根口味，虽然不至于喜欢杀猪菜，对于香菇菜心的文艺调调深恶痛绝，等闲清淡一点的，比如肉丝炒个啥的，视同全素。然后就不高兴，咱闺女吃得好立刻心花怒放，餐桌直接决定了她的世界观。一个娃娃心情不好，

诸事不配合给她娘带来的麻烦造成的后果有多严重，你懂的。

走进菜市场，称回一条五花肉，八块钱。然后从网上下载土豆红烧肉，活到老学到老，我没有抱怨，我这样一个主中馈的女人，连红烧肉都不晓得从哪里下手，闺女倒是完全有资格抱怨我的。坐锅，放油，上糖炒糖色，入五花肉均匀裹上糖色，下酱油、姜片、八角炒匀加热水焖，焖到八成熟将土豆丁放进去，再炖，炖烂为止。

上桌。难怪田朴珺网上秀出来的红烧肉品相欠佳，自己倒腾的跟饭店里化了新娘妆的红烧肉满不是一回事。八块钱的五花肉沉浮在热油中，闺女捞了一块，真是捞，油咋这么多？闺女咬掉肥肉，只吃五花肉下面那一点瘦肉。跟当年大将军年羹尧一棵黄牙白，剥来剥去，只吃内里一点菜心一样。我解释说，宝贝，红烧肉都是有肥肉的。闺女回答：我知道，没有肥肉瘦肉就不香了。理解万岁。我知道肥肉吃在嘴里的感觉，我也不勉强她。那天闺女吃掉了大部分的土豆红烧肉的瘦肉和土豆，我已经相当满足。

红烧肉还是不吃的，烧还是要烧的，总算不怵了。你说我干嘛要怵红烧肉呢？咱又不是田朴珺，当然咱家那口子又不是王石，当然他若是王石，田朴珺也不是我。得，还是好好练练我的土豆红烧肉手艺，闺女满意我的世界就和谐了。

一碗红烧肉从头吃到尾，腻是腻了点，不过油水这么足，是个好彩头。

# 糖蒜有点酸

姜是老的辣。糖蒜是饱经沧桑消磨了志气锐气凌厉之气的老妇，夕阳下静静地喝一杯绿茶。微风拂过，碎花裙角轻轻飘起，轻轻落下。

晚饭的菜是西红柿肉圆汤、凉拌黄瓜、炒苋菜。闺女坐上桌，长叹一声。花花绿绿的颜色安慰不了疾言厉色的肠胃，尤其是一个孩子对于浓油酱赤的由衷热爱。抗议无效。闺女探头到冰箱里，然后掏出了一只大玻璃罐头，里面是酱红色的小半瓶。好吧，这是奶奶腌制的糖蒜，早餐小菜，但是因为吃了嘴巴有气味，实在不适合早饭吃，就这样本来它们是冰箱的过客，后来旅游签证成了滞留他乡。

能不能吃呢？我也不知道啊。据说冰箱里食品的保鲜期是三个月，冷藏室更短。但是这一钵糖蒜密闭在瓶子里，腌制是防腐处理，蒜又不是高蛋白食品。我说我先尝一个，不似新蒜脆生生的，有点绵软，可还没有软绵绵，辣是完全的不辣，反而是纯粹的又酸又甜。不待我说完，闺女已经扔了一粒到嘴巴里，接着说，好吃。

如今的西红柿黄瓜苋菜，一年四季混迹江湖，早就没有了当年泥巴地里出来的乡土气息，倒是这蒜，好像不失本色。就是失了本色，想来历经糖腌醋泡出浓厚朱古力色，也是历经沧桑一美人。

小满前后，是新蒜上市的日子。新鲜的蒜头们晕染着紫色花纹的衣服沾满潮湿的泥巴，不似老蒜白衣胜雪，不问人间烟火的卓绝。去菜市场买上一篮子，不要以为一篮子多，吃起来你就知道一点不多。剥掉外皮，洗干净放清水里泡泡，为什么泡？我只知道这道程序肯定要走。沥干水分之后放入脸盆里，我们那时候洗脸用的是搪瓷脸盆，加糖和盐，然后使劲地簸脸盆，簸得蒜头们在脸盆里乱成一团，搪瓷脸盆被蒜头们冲击得砰砰响，等闲一点的瓷坛子瓦罐子还真架不住蒜头们毛头小伙子一样的愣头愣脑。簸好了，这个好是有经验指数和技术含量的。放到坛子里，加白糖香醋，要酸点醋多加要甜点糖多加，最后密封放在阴凉处，让它自行涅槃。

也有加红糖的，说红糖比绵白糖更入色入味。你要问我哪种好，我也回答不了你。小时候吃什么都好吃，现在吃什么味道都不对，也不知道是味道变了是味蕾变了，还是世道人心变了。

半月两周的，打开密封的坛子，蒜香醋香糖香扑鼻而来，糖也是有香味的，尤其和蒜香醋香混合之后，糖的气息甜而不腻，是一种清甜的

滋味，非常开胃。就着糖蒜，我们一个夏天晚上的稀饭就解决了。有时候没啥吃的，又饿，捞两颗糖蒜嗒嗒嘴，然后灌一肚子凉白开，个个挺着小肚皮玩去了。

眼见得新蒜上市，赶紧给老妈打电话腌点糖蒜。荒废的手艺有了用武之地，老妈答应得嘎嘣脆。家有一老就是一宝，真动手，还是老人有把握。

打开冰箱，两大瓶糖蒜笑眯眯，被醋泡软了筋骨被糖甜腻了心事，糖蒜们浮出微醺的酡红。蒜怎么不辣呢？糖蒜不辣。糖蒜是阿加莎·克里斯蒂笔下的马普尔小姐，一叠叠的皱纹里有一双又明亮又锐利的眼睛，还有一颗又清醒又温暖的心。不是她没见识，不是她没脾气，苦辣都过滤了，只剩甜里一点酸。不是心酸，是醋酸，是梅雨天敲着酸痛的筋骨，那么舒服的酸。

# 香肠有段乡愁

　　冰箱冷柜里剩了两截去冬灌制的香肠。每次看见又留下了，我执念太深，以致耽误了香肠的青春。也不是什么稀罕东西，将肉糜塞进猪小肠里，香肠是粗夯的食物。冬天菜市场替人加工，你买好猪肉绞碎了送过去灌，若是放心，也可以只管掏钱。有什么不放心的？若是没有什么可以放心的，也就没有什么不能放心的了。

　　这是新鲜的香肠，回家得挂在外面晒，晒得了放到冰箱冷冻室里，想吃的时候掏一段两段放饭锅头蒸一蒸。蒸透的香肠粉红轻白，油滋滋的，尤其是咸香的气息随着米饭的醇香弥散开来。米饭的香味很重要，揭锅的刹那，喷涌出来的袅袅热气里，饱含着土地的肥沃、种子的优良、耕种的辛劳以及收获的饱满。大地上所有的付出和得到，都在那一瞬间里尽情绽放。再也没有比揭开锅盖，一股子陈米的馊味让人扫兴的了。

　　好的米饭要配好的肉，才能相得益彰。这个时候不要提蔬菜，蔬菜是点缀，肉和米饭是男女主角。而腌制好晒好蒸好的香肠，简直就是黄金主角。如果在米饭刚刚煮干水的时候，将香肠直接搁到米饭上，广东煲仔饭就是这样，香肠有米饭的气息，米饭有香肠的滋润，那简直就是在正确的时间里正确的地方遇到了正确的人，结一段好姻缘好比蟾宫折桂，真不容易，也才对得起浓情白米饭浓情香肠。

　　对香肠的热爱是一种眷恋之情，源于童年时代。在我的家乡一座偏僻的小镇里，很长很长时间没有香肠一说。肉已珍贵，冬天腌制一点实属不易，哪里还会有这样钻头裂缝的吃法。住一个大院子的曹奶奶，她的老五经常出差走南闯北，也就经常带来外面世界里新奇的物事，香肠是一种。某一天晚饭的时候，堂屋里香气四溢，我们都像小狗一样寻找香味的来源，就在八仙桌上，和一碗炒青菜一碗蒸咸菜形成了三国鼎立之势。淡绿色搪瓷盆里，薄薄落了一层圆圆的肉片，半浸在油水里。妈妈说，这是曹五叔出差带回来的，一家送了一段，叫香肠。这是我们平生第一次吃香肠，老的小的人均分几片。妈妈尝了一点，然后我们眼睁睁地看着那片缺了点角的香肠也到了奶奶碗里。剩下的油汤我们平分了，拌拌饭一人又吃了一大碗。那个时候的饭真是容易下肚子，虽然是粮站里卖的陈米。

　　妈妈没有告诉我们曹五叔是从哪里带来的香肠，虽然后来曹五叔出差，妈妈也托他带过，院子里谁家不托曹五叔带过针头线脑？我们没吃几次，妈妈是什么都会嫌贵。等到后来，香肠像乡愁一样到处都是，真是到处都是，当你离开了你的故乡，渐渐长大长老到开始回想过去，你就知道即使一根芦苇也能招惹你漫天漫地思乡。我看到香肠稀松平常地挂在灰扑扑的南北货店里，堆在菜市场污垢的摊子上，它们浓缩皱褶，不复是记忆里的饱满油润，甚至蒸熟之后，也不复记忆里的醇厚浓香。我知道是记忆骗了我。

　　记忆是安慰人的，也是骗人的，不骗人怎么安慰人？即使我到菜市场，买人家口口声声说的黑猪肉，自己动手剁碎，自己加上盐、糖、料酒腌好，灌好，晴天挂在阳台上晒太阳吹风，雨雪天收回家晾着，那又如何，它们压根不是记忆里的味道。

　　记忆在时间里走失了。

# 猪油的好气色

下面条给闺女吃，她总是抱怨没有门口小摊上面条味道好。我说人家放了猪油，连卖麻辣烫的都有一大瓷缸猪油伺候着，猪油足了，味道好。

到菜市场买猪油。卖肉的男人看看我，又看看，他说现在家里买猪油可是少得很，连老年人都不买，你看，他扔过来一块，这么好的板油就是没人要。

猪油的好处在于它细腻香腴，肤如凝脂，说的就是皮肤光洁细腻白皙如同上好的凝固的猪油。一定是板油炼的，厚实且纯粹，不是渔网状花油，当然更不能是臁头肉老颈肉肥肉。很多人喜欢猪油但是看不起猪油躲着猪油走，像小时候菜市场肉案前风骚的老板娘，男人们心念念凑过去搭讪，又不敢，走过了眼角直往回瞟，真让人沮丧。就上去聊两句又能怎样？也就是聊两句而已。你吃了那么多垃圾食品，来勺子猪油就要了你的命？

拎两三斤猪板油，洗净沥干水，切块，放到坐火的铁锅里，最好是一只新的生铁锅，一次猪油炼下来，生铁锅成了熟铁锅，铁腥气没有了，像淬了火的刀剑笑傲江湖，正式开始烹大国治小鲜的职业生涯。板油块渐渐融化析出油汁，渐渐发黄，渐渐身轻如燕浮在油上。火不要大，人不要急，等板油块浓缩呈现金黄色，关火，用漏斗捞出来。这个时候它叫猪油渣，非常香脆可口，也非常烫，油的燃点远高于水。等猪油渣子冷下来，可以白嘴吃，保证你吃了一块想两块，全然顾不上它还保留了一部分高纯度胆固醇。我们小时候，等不及拈起猪油渣子往嘴巴里送，个个吃得嘴唇油光光的。吃是好吃，吃多了也腻得慌。猪

油渣子炒炒青菜,炒炒小菜,不需要放油。

或者切碎碎的放到素汤里,汤一定得要猪油来调和。小青菜汤、丝瓜汤、瓠子汤,缥缥缈缈沉着嫩绿的蔬菜、窸窸窣窣浮着黄色的油渣。家常、简素,微微透一点丰腴。

炼出来的猪油怎么办? 在油冷却还没有凝固的时候倒到陶罐里。我们家有一只装豆腐乳的小陶罐,腾空了盛猪油最合适。深色的液状很快凝固成乳白色固体,呈现出古代诗词里美女们的好肤色。等等,在猪油关火之后,放一束香葱。为什么? 我若知道为什么,那就可以学谈老师写美食专栏了。

　　1976年唐山大地震，家乡风声鹤唳草木皆兵。有一天半夜，据说房子摇晃了，我们被大人连拖带拽扯到院子里，曹奶奶夹在人群中，怀里抱着个布包袱，一点不慌。等恐慌劲过去，开始说笑，都说曹奶奶精，这个时候还记得把户口本和私房钱带着。曹奶奶静静地笑，她的四儿媳妇撇了撇嘴巴：老奶抱的是猪油罐子。四儿媳妇当家买菜，总抱怨餐餐动锅动火动油盐开销大。曹奶奶气色好，瘦但是不干巴，七十岁了，一头银发整整齐齐绾在脑后，她以前是大户人家的小姐。都说锦衣玉食的童年打下了好根子，也落下个毛病，寻常人家讲究吃喝是个不大不小的毛病。可是大家都承认她是个有见识的人。

　　菜好必放猪油，民间老话如此，于我们这一代人而言，也是童年养成的习惯。一罐抱在怀里的猪油，想想这个场景，有些喜感有些辛酸有些无法言语的失落，跟时间一起失落的记忆，跟味蕾一起失落的味道，那时候日子穷一点寡一点毕竟还踏实。

# 乱炖一锅

风雪夜归人，而且还拎了一条羊腿。最近两次碰到这样的不速之腿，上次是夭夭抱着只二十来斤的猪腿敲门，准确说是踢，她的手被猪腿占着。

是夭夭小叔家养的猪。据说猪肉非常好，一头猪被一个村子人蜂拥抢光，夭夭小叔家喂了大半年，只落了只猪头，夭夭老公扛回两条腿，一条自留，一条给我。但是我没有来得及调整的面部表情一定大大伤害了夭夭的热情。我是个诚实的人，而且屡屡将诚实写在脸上：一条二十斤的猪腿，你让我咋办？你不是给我这样上了初中数学就没及格过的人考微积分吗？

那条猪腿在我家门口躺了一夜一天，第二天连晚送到我弟弟家。想到还可以随时去老弟家阳台上割点咸的，冰箱里割点鲜的，心里轻松无比。我说过我主中馈不合格，压根没有一个厨娘看到好食材应有的惊喜，只惊不喜。

眼前这条羊腿在规模上小点，但问题更严重。我不能又把羊腿送到弟弟家，咱家掌柜的会很不高兴——他隆重介绍这条羊腿是朋友特意从盛产羊腿的地方千万里带给他的，非常正宗非常美味。你知道你有两种人不能得罪，如果你想保持婚姻生活的安静。第一，你老公的娘家人，从公婆到叔姑到侄男女包括他爹妈养的鸡鸭；第二是你老公的朋友，从朋友到朋友的老婆孩子以及他娃养的仓鼠垂耳兔。别顺着嘴巴说长道短，为人家的事搅自家的局。

我盛赞了羊腿的姿色，心里一点没底。先生说他来打理，说说而已。俗话说，男人说话算数，母猪都能上树。所以这条细脚伶仃的羊

腿在我家门口支了一天一夜的芭蕾舞步，直到我感觉气味有点不对劲。不知道它是走了多少天才来到芜湖，我只知道先生将它遗忘在后备箱里一整天，这样一算，再乐观的羊腿也要绝望得腐烂了。这和目前勤俭节约的大背景相当不符，作为一名家庭主妇，坐视一条肥美羊腿的腐烂也是绝对不能容忍的。凝神聚气，下定决心——我将砧板放到地上，扎紧围裙，翻出砍刀，开始攻坚。

闺女看我艰难的样子，建议明天拿到菜市场里请卖羊肉的砍，这个主意很好，但是我告诉她形势太严峻，天气这么暖和，羊腿坚持不到明天了。手起刀落，肉屑骨渣横溅，羊腿只有轻微软组织挫伤，想到待会儿还得收拾这一地狼藉，想到我是多么期望自己拥有一双指尖微凉的小手，想到十字坡卖包子的孙二娘，无限悲怆涌上心头，化悲怆为力量，手起刀落，终于砍掉一块，万里长征成功地迈出了第一步。

　　在这关键时候，听到开门的声音，闺女欢欣鼓舞地说：爸爸回来了。我被挽救了。但是掌柜的历来是远庖厨的，他所能做的也无非是将羊腿砍得支离破碎，我们互相安慰，反正都是吃，没事没事。

　　轮到我上阵了。拿了只最大的煮锅，四块就一锅啊，这羊腿骨砍得真壮观。热油将蒜瓣干红椒煎至蒜瓣金黄捞出，再将花椒粒煎至发黑捞起丢弃，羊肉焯水控干煸炒至边缘金黄，加花雕、红糖、肉桂、老抽、香叶、桂皮、水，乱炖一锅。

　　这个我不陌生。虽然不能因为一条羊腿毁了三观，但是婚姻这个东东，也是睁一眼闭一眼，油盐酱醋乱炖一锅的事儿。炖着炖着，前半辈子半生不熟地囫囵了，后半辈子，继续大火小火文火炖着吧。

# 带鱼宽带鱼窄

进菜市场在水产摊子前犹豫得很，带鱼们一条一条肥硕得紧，据说长得太肥是不良养殖户喂了药，何止带鱼，现在水产品污染得厉害，不喂药就不会拿出来喂人。太宽的带鱼明显是妄图残害身心的不良分子，细窄的带鱼呢？杨柳细腰的小妖精夹杂在一群水桶稻箩样的娘们里，形迹可疑，更不能买，连药都喂不肥，先天就有缺陷。

小时候，我现在跟自己七老八十三一样，动不动就小时候。我们七十年代出生的这辈子也没有摊上什么好事，唯一还抓住个美好的尾巴是我们玩过纯天然的寒暑假，吃过纯天然的鸡鸭鱼肉，度过一个纯天然无污染的童年。天可怜见，能拿得出手的也就是一小时候，连带鱼们都是美好的，身量正常，味道正宗。

我记得我第一次吃带鱼已经有七八岁了。故乡是个小镇子，闭塞落后，大海只在教科书里存在，遥远得跟织女牛郎的银河是同一个概念，等一尾带鱼游进锅里，已然是上个世纪的八十年代。某天，我的母亲从厂子姐妹那里拖回两条带鱼，好像那会儿很多新鲜事物都是母亲先从厂子姐妹那里得到的，除了奇闻逸事家长里短，实打实的包括新鲜的毛衣花样，新鲜的绣花假领子，透明的穿了像没有穿的丝袜。两条银色的带鱼盘了一个竹篮子，刚刚在堂屋放下，腥气立刻弥漫，母亲抱怨怎么这么大味道？母亲挎着篮子到河边清洗。洗回来母亲抱怨这么一长条真是不好洗。在我童年的眼光里，一条带鱼足足有一米长吧？母亲将带鱼挂在厨房门口的钉子上晒，那几个钉子不是晒一刀咸肉就是挂两根腌菜瓜。这是初冬，院子里落了一地树叶子，还是有生命力顽强的苍蝇们围着带鱼苟延残喘。我母亲走过的时候会挥挥手，

也就算了，她说现在苍蝇们也就有力气动动翅膀，啥坏事也干不了。

也等不了苍蝇们积攒力气干点坏事。晒个皮条干，我母亲就拎下带鱼，剁成块。一边剁一边抱怨带鱼不够肥，她手气不好，抓阄抓到这一垛，瘦瘦瘦的吃起来还不尽是刺？好像她之前吃过带鱼一样。剁剁也是一大海碗呢。铁锅坐油，母亲抱怨这一大碗鱼得多少香油来炸。香油还是定量吧那会，一个人一个月半斤，平常煎个鱼不过是稍微润润锅。厨房里油烟和煎鱼的香味开始蒸腾，带鱼是海鱼，天然有咸味，这油炸的焦香气息就格外诱人，一个院子里的女人孩子都来看我家"开伙"，"伙"读第一声，那会儿吃个好的就叫"开伙"。你知道这会导致一个什么问题？都是住一个大院的，哪家吃新鲜东西如果不能做到彻底保密，那只有家家户户跟着尝鲜。我母亲虽然应答着，嘴巴上一点不怠慢，可是脸色不是很好看。

　　煎得两面焦黄，然后下葱姜蒜辣椒酱油烩。也许没有这么多佐料，那会儿虽然东西是原汁原味，但是供应并不丰富，经济也不富裕，而且，用我母亲的话说，我们这群孩子跟狼一样，生吃都不眨眼。我母亲是喜欢清蒸的，放到饭锅头上，又省油又省煤。可是还是红烧了好吃，我想每个孩子小时候最爱的还是红烧吧？童年的味觉和视觉喜欢的都是浓烈的有滋有味有颜有色。

　　一家只送了一小碗，剩下平平一蓝边碗，我母亲还是留下半碗做第二天的大菜。就是这半碗红烧带鱼，那晚我们一个人多吃了好几碗饭，世界上还有这么好吃的鱼？鱼肉细白软嫩，筷子搛起来是一条一条的。鱼卡们非常齐整，只要避开中间大刺就基本没有问题。又咸又辣又香，鱼汤都泡饭了。估计太咸了，水喝多了，当晚就有人在床上开小火轮——尿床，第二天早上一顿暴打。院子里的女人们第二天也跟我母亲说，早上烫饭都没得烧，头晚孩子们把饭吃光了，这鱼是下饭。母亲一边陪着笑脸一边起劲用肥皂洗手，抱怨带鱼太腥气，手上的腥气隔了一夜还有，早上猫直往手上扑。那个时候我母亲四十岁不到，不知道为什么，大概是日子过得紧张，老是喜欢抱怨，什么都要嫌七嫌八。

　　这次带鱼把我母亲吃伤了，再吃带鱼隔了很长时间。我母亲抱怨，这么下饭，粮食都多花些，太浪费。你要知道，一个时代有一个时代的消费观念，有时候吃得多用得多就是浪费。

　　等到带鱼们一拥而上，带鱼们就不好吃了。我也不知道为什么，是童年吃的带鱼是真正的本带鱼呢，现在吃到的不过是被药物催肥污染的假冒伪劣带鱼，还是小时候吃得少，味蕾敏感，现在吃滥了味蕾也退化了。而且，现在的带鱼们也实在长得不像样，条条肥硕得让人畏惧。有一次我在超市买了包带鱼段，回家越洗心里越犯疑惑，胖点就胖点，现在人都是胖子多，你也不能胖得没有底线吧？这要不是带鱼段,要是整条带鱼,该多恐怖? 难不成是上演《侏罗纪公园》?

我记得刘恒写过一本小说《贫嘴张大民的幸福生活》,还拍成了电视。胖子梁冠华演贫嘴张大民,张大民和李云芳结婚了,李云芳生孩子了,但是没有奶水,张大民想了一切法子,最后将王八拎出来祭祀李云芳的五脏庙,希望由五脏庙打通乳腺,他娃有奶喝。大民的大妹大雨不乐意了,质问她哥怎么尽想着法儿伺候嫂子,把老妈甩脑门后头了。大民说,我上次不是还买带鱼给咱妈吃的吗? 大雨发问,你那也叫带鱼? 比表带宽点。

比表带宽点的带鱼该是带鱼尾巴吧? 带鱼尾巴瘦得前心贴后心,真没有肉,要是肯下油炸酥了也行,不过不适合老人家吃。大民也是没有办法,这是一种粗糙拮据的底层生活。人如果不能像大雨那样伶牙俐齿浑身带刺,就得像大民这样话痨,自我解嘲,不然日子简直继续不下去。我现在人到中年了,虽然克制再克制,可是还是忍不住抱怨,即使面对一条体重超标的带鱼。我想,像我母亲当年一样,这些牢骚大概就相当于葱姜蒜吧,虽然日子清蒸着也能过,还是红烧了过得热闹一点。

# 螃蟹爱风雅

螃蟹,啊,螃蟹。住在鱼米之乡,怎能不谈一谈、啖一啖螃蟹。

芜湖是滨江城市,襟南带北,鱼米之乡的丰饶与温润最能显见于口腹之道。"风消樯碇网初下,雨罢鱼薪市未收。"历史上,城内东门就有水汽氤氲的鱼市街、河豚巷、螺蛳巷,城南长虹门外有干鱼巷。极负盛名的"芜湖三鲜",即盛产于芜湖段江面的刀鱼、鲥鱼、螃蟹。民间流传:"清明挂刀,端午品鲥鱼,金菊飘香螃蟹矶。"老话现在是讲不起了,刀鱼鲥鱼已濒临绝迹,鱼鳖虾蟹等水产品仍是极其充沛,一到秋风起菊花黄蟹脚痒,吉和街一路卖水产品的就将塑料盆塑料筐横行到路口,螃蟹们喷着白沫蠢蠢欲动。公的叫尖脐,胖大些,母的叫团脐,精瘦些,认公母翻过来看肚子,不过你看了也没用,卖螃蟹的都是公母搭配,你多要一只母的都不行。你要是多要公的倒是没问题。只是吃螃蟹,谁不想吃母的。坐桌子上,拿只母螃蟹给你那是将你当贵客,叨陪末座或者请客的主一般都是自己动手来只公的。

从此时到初冬,去饭店请客,是一件很令人尴尬的事情。一年之中,这时候请客的性价比是最低的。服务员总是会问你,要不要螃蟹。当着客人的面,你怎么好意思说不要?要?一人一个。我不知道饭店里的螃蟹是不是本地品种,总而言之,菜市场卖二三十块钱一斤的时候,饭店里是六七十一个,大点就是了,可也大得有限。稍微像样点的饭店,立刻涨到一两百,他跟你说是阳澄湖的大闸蟹,你倒是想信啊,实在是没法信。全国有多少螃蟹打着阳澄湖的招牌到处乱爬?把个苏州全挖了养螃蟹,也养不出这许多螃蟹啊。

国庆期间去上海,朋友一家招待食宿,也就是住他家吃他家。第一餐接风是在饭店,在一家海鲜城看菜点菜,诸多海产品都不认得,螃蟹是个熟面孔,于是一个小朋友立刻叫着要吃螃蟹。虽然她的老爸老妈立刻以刀子般的眼神要她噤声,但是朋友一家已经听到了。于是第二天,我们逛花花世界的时候,朋友的父母赶去菜市场买螃蟹,八十多块一斤,一斤称两,买了十斤螃蟹。晚饭草草结束,朋友的父母在厨房蒸螃蟹,剁蒜泥,调姜醋,我们在客厅真是坐不住,惭愧之余,只有大快朵颐连声赞叹以示谢意。说真的,虽然是筹划了几年终于付诸实践的活动,因为朋友以及朋友父母的高度热情让我们立刻明白这是第一次也是最后一次,不带这样麻烦人家,麻烦人家高堂的。

朋友的父母是吃螃蟹的好手，虽然比不得高阳先生自小家里就备有吃螃蟹的钳子锤子大小二十四件，但是也拿出了锃亮的一把小钳子一把小锤子。伯伯寡言，只是示范给我们看，伯母热情，做解说，告诉我们伯伯没有退休的时候，在单位着实培养了一大批螃蟹的粉丝呢。伸手拿了只公的，半斤不止，伯伯在一边指导，哪好意思草草了事，努力把螃蟹的边边角角都挖到剔净。等我吃完一只，看看大家都结束了，伯伯说大人一人两只，不吃不行，我是个比较闷的人，不知道怎么推辞，只好接过来再吃，又是个公的。

晚上九点，我疲惫得几乎睁不开眼，但是还努力地剥螃蟹。等睡到床上去的时候，胃里仿佛放了一堆石头。螃蟹性冷，难消化，想起《红楼梦》里，林妹妹吃了点子蟹肉，心口就疼，要热热地喝一口子酒。我一口气吃了两只半斤以上的大螃蟹，真是女汉子。更豪放的是第二天照样吃早饭，一点没耽搁。虽然早饭不好吃，在吃过螃蟹之后，还有什么东西好吃呢？

所以和朋友的父母一样，我们家吃螃蟹的时候，一般都是吃过了饭，否则，饭菜都没了味道。

吃螃蟹要有闲心，也要有闲工夫。就像写饮食小品，就像小品饮食。我婆婆是乡下人，年纪大一点的乡下人都不太理解为什么螃蟹比肉贵，而且贵出了十万八千里。他们以前在塘边看到螃蟹一脚踢飞进塘里，压根没人吃。所以吃螃蟹的时候我婆婆不耐烦，把盖一吃，几只腿放到一起嚼吧嚼吧，像吃甘蔗。婆婆说照你们这样斯文，吃一只螃蟹我要锄半亩地。婆婆不是雅人，我们也不过是想附庸风雅。最风雅的当然是螃蟹。

虽然和阳澄湖大闸蟹的声名差了好几截子，本地螃蟹到了时候也个个膘肥体壮，膏满脂厚。螃蟹还是湖蟹最美味，海蟹和江蟹要差好几截子。江蟹虽然肥壮，一般都是切开了用葱姜炒，芜湖人喜欢炒年糕，橘黄的蟹壳和雪白的年糕片，颜色又浓又清；海蟹个头大，肉多，滋味粗夯了。有人说不吃螃蟹辜负腹，说的就是湖蟹。但是前几年螃蟹涨价涨得离谱，有人饭桌上打包螃蟹回家让老婆尝尝，老婆吃过饭了，螃蟹放到冰箱里，第二天拿出来蒸了，结果把人给吃死了。螃蟹的高蛋白很容易变质。

螃蟹的吃法很简单，就是吃螃蟹的肉和膏。螃蟹的脂膏可以做馅，蟹黄汤包蟹黄狮子头，蟹黄是点睛一笔，蟹糊也美味得不得了。上海人用小一点的螃蟹做"面拖蟹"，烧汤烧菜均可，都是动物蛋白。但是无论饭店还是家常，吃螃蟹都是蒸熟。买来的螃蟹先用刷子刷干净，然后五花大绑上蒸笼蒸，蒸个二十分钟，刚才还手舞足蹈的螃蟹们现在一身大红袍。擂姜调醋，掰开了吃就是了。蟹凉，最好喝点酒，煮一壶热热的花雕，持螯饮酒，人生赏心乐事这着实算一桩。

吃螃蟹手上沾的腥气轻易去不掉，用芫荽菜擦手最能消解。有一次陪领导吃饭，菜初一上桌，服务员一人跟前放了一碗漂了绿叶子的温水，是透明的玻璃碗，那绿叶子是芫荽叶子，看上去很精致很文艺，领导北方来的，端起玻璃碗一气就喝了，他当成餐前开胃汤了，其实这是吃完螃蟹洗手的水，我们都看呆了，不知如何是好。还是办公室主任灵光，也端起来喝了几口，然后我们纷纷都端起来喝了。

这回轮到服务员傻眼了。

# 豆腐是闲者

下班的时候，从菜市场经过，会拐进去看一眼。多半是多余的一眼，这个时候的菜市场，剩下的菜蔬充满了疲倦，比我上了八个小时的班还要亚健康。我没有化腐朽为神奇的能力，若晚饭真的需要添置，力所能及的范围内，我会买一方豆腐，真的没有什么可吃的，我的女儿喜欢红烧老豆腐，或者嫩豆腐打汤。

先生喜欢麻婆豆腐，但是女儿不吃辣，也还不能理会麻的妙处。这一条先就Dump了。老豆腐有着自己的裸色格子罩衫，我喜欢沿着凸出的棱用小刀划开豆腐，落到漏眼的篮子里，水过一下，沥干。大蒜切片，生姜切丝，朝天椒切圈。坐锅，入油，姜蒜椒入锅炒出香味，椒很容易焦黑，所以我不敢用大火，豆腐入锅炒两分钟，加糖、老抽、盐。再稍微加点水，略微煮煮就得，起锅后撒一撮葱花。这个不考人，考豆腐。有的豆腐这样烧出来好吃，有的就有一股子馊味，我是囫囵的都能将就，孩子嘴刁，一尝就撂筷子。

豆腐汤得是嫩豆腐。嫩豆腐细腻平滑，一不小心会裂开，难伺候。用小刀轻轻划开，小块，水冲后沥干。嫩豆腐水特别多，黄色的。坐油锅，大葱，这个地方是大葱切碎，放到油锅里爆一爆，很香，豆腐随后入锅煎，加水、蒜丝煮开，浇一圈蛋白。起锅后加葱花，我们江南的小葱花，即使不是小葱拌豆腐，豆腐也离不开葱花。要是能够在汤碗里加一勺猪油就好了，香，是葱花葱块浓烈的草木香气之外脂肪的香。豆腐素，得有足够的油水来调和才有味道。

但是豆腐不声张，只是安静白皙地坐在木板上，几乎有贞静的气息。几乎所有卖豆腐的都会将豆腐一块一块放在木板上，要，她就用手抄底托起一块。一整块豆腐上面是四格。也有人要一半,用铁皮沿着格子切下去,是长方形的一块。再老的豆腐也是豆腐,用不着刀子,有块白铁皮子下去就足够了。卖豆腐的也多是豆腐西施,软软地托起豆腐的时候,即使是个虎背熊腰的女人,也凭空多了点柔弱的妩媚。

　　一天能够卖多少豆腐,想来豆腐西施们心里是有数的。所以和豆腐一样,豆腐西施们的神情比起肉案子后面的女人就恬淡得多。坐在木板上的豆腐比起零落在肉案子上的一截半肥不瘦的肉儿根半瘦不肥的骨头,样子也闲散了许多。一块一块的豆腐,是中国水墨画里的留白,小小的一块空间被想象力扩充成无限广阔。中国美学里,这是非常重要的一环,留白之美,或者是空灵之美。因为空无一物,才有无限

可能。豆腐也是，豆腐的本身又有什么滋味？因为本身的无滋味，所以它的可塑性是如此之强，以至于达到了食物的最高境界，它是豆腐，小葱拌拌是豆腐，蟹黄烩烩是豆腐。它又不是豆腐，小葱拌拌蟹黄烩烩，豆腐已经不是豆腐。

豆腐的安静与闲淡像中国知识分子一直追求的境界。空，是中国传统美学的最高境界，闲，是中国知识分子的生命哲学，我说的是中国传统知识分子。就像汪曾祺说茨菰的格比土豆高一样，豆腐在红红绿绿的蔬菜和肥肥腻腻的禽肉中显示了一种风度和品位。即使落在一方用了很久脏兮兮黑乎乎没有来头的木板上，豆腐也是从容淡定的，豆腐落在灰里，打不得碰不得。穷且益坚，即使只是在西山喝一碗薄粥，依然又敏感又骄矜，它的气场完全衬得起梨花木红木檀香木托子。

看上去无欲无求的闲，无滋无味的闲，宁静以致远淡泊以明志的闲。但是在它闲闲的外表下，其实是一颗被欲望灼烧的心。中国的知识分子只是以出世的姿态谋求入世的目标。一块豆腐，要的是红尘中的油热酱香辣咸麻的滋味浓稠，不然，它只是一块无滋无味无用的豆腐。一个知识分子，走马章台是他的最终目标，归隐林泉不过是无奈之举。永忆江湖归白发欲回天地入扁舟也是要在功成名就请君暂上凌烟阁若个书生万户侯之后，没有之前，之后的一切毫无意义，所有的之后，只是给之前开一张支票。兑现与否，天不知地不知，他自己也不知。

就是一块豆腐，也许我想多了，闲的。

# 浓情猪耳朵

春天,雨天,星期天,是个寂静的冷天。从窗口看出去,小区里的白玉兰花开得皎洁如玉。当得起皎洁这个词的其实不多,虽然我们用得频繁,比较顺手容易透支。

因为没有叶子,因为是雨天,因为是将暝未暝的暮色之前,白玉兰花不透明的白此时此地有着温润的味道,透彻的气质,全然盛放出君子坦荡荡之风。明天,天一晴太阳一出来,这些白开始呈现象牙色,仿佛凝滞住,然后很快锈蚀了,很快落了,一地叶子,萎缩、锈黄、潦倒不堪。

暝色入小高层,收回视线,淘米洗菜,坐上油锅。关键时刻女友夭夭捎来一份猪耳朵一份猪蹄子,闺女喜欢猪蹄子、猪耳朵,晚饭立即就简单了,油锅熄火,今晚猪耳朵猪蹄子就白米饭。的确重口味,闺女表示她饭后可以吃点水果平衡,我也就找到了心理安慰,顺坡下驴把苦苣搁置一边——这是我最近发现的一道最省事的凉拌菜,尤其是闺女还乐意吃的。

绿影这家的猪耳朵比小区门口所能买到的猪耳朵要美味,连我的闺女都发现了。首先颜色上好看许多,酱红色,是章回小说里晒成紫棠色面皮的汉子;然后形象上优质许多,根根都有脆骨,酱红色里玉般隐现一道,不像小区门口斩鸭子摊子上猪耳朵个个捎带了猪们的半边脸——三分之一的猪头肉都划归耳科。猪蹄子也是,卤得透透的味道均匀,我们这些糙人,草根底子,对于食物的爱好还没有上升到清淡的境界,浓油赤酱就是美味。

好吃爱吃,食物只是食物,如果有了记忆,那么食物几乎上升为文

化了。对于猪耳朵猪蹄子我当然有我的记忆，我的记忆只会让食物串味，闺女就不一样了，她翻出食品袋，发现上面有熟食店的名字，说她想起来了。的确，当年我们住在城东的时候，有时会去绿影买这家的猪蹄子，都是双休日。不是双休日加餐，而是这家生意总是很好总是要排队，等闲没这个工夫和心情去排个长队就为了几只猪蹄子，不是个懂得享受生活的人。

闺女一边吃一边问下次什么时候能吃到猪耳朵？她特别强调，吃这家的猪耳朵。这个要求真的不高，跟《红楼梦》里宝玉挨打后巴巴地想跟凤姐要份荷叶汤一样，就是有点磨牙费事。我说，行，你什么时候想吃提前说一声。为一片猪耳朵转悠大半个芜湖性价比不高，但这是个微小的愿望，没有理由不满足。《霍比特人》中白袍巫师甘道夫说：但我相信，能打败黑暗的，不是强大的魔力，而是生活中的小事和微小的爱。

像冰天雪地一枚烛火，像冷雨敲窗栖息帘外的梅花桃花玉兰花花事—花花，全无意义也全是情绪。我知道我的心不够暖，但是够柔软，能轻易感知那些微茫的暖意和皎洁的善意。夭夭抚慰我，冒着雨排着队，然后从城北提溜到城南，这里面不仅仅饱含脂肪蛋白质芜湖熟食的乡土滋味。夭夭说，心甘了，情就愿了。可是夭夭你也知道，这一生得有多少心不甘情不愿但是还得努力去做的事。

谢谢你的猪耳朵，谢谢人生中所有可能遇到的温暖与慰藉，其实我知道我不能指望猪耳朵解决我的厨房问题，就像不能指望那些随风而来去的温暖可以覆盖料峭春寒，但是我还能指望什么呢？

# 要吃暖和的食物

冬天，是冰冷的季节，所以火锅会流行，烩菜会通用，热乎乎的食物不仅仅是适应胃部环境，满足了身体需求，也是一种心灵安慰。当热汽一蓬蓬源源不绝从锅碗上升腾出来的时候，家和食物才具有真实的温度，安慰情感的温度。

在冬天，我是从容的，我知道如何做暖和的、容易的，但是受到欢迎的食物，那就是炖。炖，指的是食物原料佐料旺火烧沸，然后小火慢煮。分隔水炖和不隔水炖。隔水炖比较见功力，比如云南汽锅鸡，是纯粹用水蒸气闷熟食材，所以会嫩，丰腴美味；加水炖比较常见，冬天，热乎乎的也比较合时宜，于我而言是方便。我真是不喜欢油高火旺，刺啦作响，油星四溅，躲闪不及，狼狈不堪，而且炒菜也相当的考手艺，不好蒙混过关，不比炖，多多少少可以遮丑。虽然味道不敢保证，只要时间够，炖个囫囵熟没问题。

那就炖着吧。炖羊肉，斫成块状的羊腿肉连皮带骨，放热水里焯去血水。砂锅放冷水烧开，下羊肉、姜片。这个是按照报纸的冬令保健进补推荐菜目操作的，不过我心存疑惑，羊肉这么膻，只需姜片就可以祛除膻味？我不是不相信姜片，在浓烈的膻味面前姜片有点单薄，胜负相当心里没底，还是切两节大葱助阵。大火烧开文火慢炖。炖一般靠的是足够的液化气和足够的耐心支撑，准确的炖煮时间是不可靠的，因为食材的量不同，火的大小不同，我也只好过一会戳戳肉皮，肉是炖烂了，不过颜色实在难看，死白灰白油腻的白。咋办？放酱油。看看原来的大葱早就烂成糊状，切两根葱，拍几瓣蒜，乘胜追击。

闺女吃了，闺女的爹也吃了，闺女的爹在我的紧紧追问下很识相地说,不错,一点膻味也没有,但是羊肉好像似乎应当热乎乎的锅子更好。闺女一锤子定音,我觉得应该有汤,没汤一会就冷了,冷了咬不动。

也许颜色不是最重要的,口腔和胃部的感觉是最重要的,还有心理。记得在哪部韩国电视剧里看过,一个年轻律师忙于工作吃的是冷饭,坐在他对面生意失败前来求助的中年男子看在眼里记在心头,中年男子走投无路自杀之前送给年轻律师一个保温饭盒。附着的一段话大致是,人要吃热乎的饭,心里才会暖和。

心里暖和很重要。

我喜欢热乎的饭,热乎的菜,虽然不妨碍我喜欢冰激凌。我属于喜欢锅气的一类,滚烫的食物据说对健康无益,可是也只有滚烫的食物才会绽放出它真切的香气,即使单薄如一碗米饭,只有揭开锅盖的时候,你才会真切感受到阳光的味道、土地的芬芳、田野的气息。这些气息才是一碗米饭完整的内涵。

继羊腿之后,炖的是鸡爪花生米,据说这也是冬日具有食补意义的一款。冷冻摊点上怀着狐疑心理买来的鸡爪,只只足浴过度,白得异乎寻常。也是焯水,然后放砂锅里,入姜片、八角、香叶,炖到六七成账,放入秋花生。小火慢炖,直炖得鸡爪们手无缚鸡之力,手掌柔烂无比。不过颜色也不太好看,灰灰的红色,你知道花生米煮出来的颜色,惨白的鸡爪虽然有了点血色,却是异样不健康。闺女不是个细致的人,探头看看沙煲,鸡爪是她的最爱,虽然如此炖得形迹可疑还是头一遭。俺闺女真是好养活啊,夹只爪子一口下去头就没有抬起来。征求意见的时候,她说,颜色不好,味道还好。咱又是买又是洗又是烧不就是为了闺女吗? 不敢奢求爱吃,能吃就好。其实我也很好讲话。

天地间本来混沌一气,后来分了阴阳,有了暖意。冷天里,笨手笨脚的女人乱炖一锅,一家人吃饱了,身上暖和了,心里暖和了,就好。

冬天的餐桌还是容易将就的, 只是随着冰箱里最后一包羊肉羊骨头告罄, 天暖和了衣裳单了, 水桶腰水蛇腰藏不住了, 怎样能在厨房里站稳脚跟, 真是有点发愁。想起《铁娘子》中年轻的玛格丽特对求婚的丹尼斯说, 我跟其他女人不一样, 我不能在厨房里洗茶杯到终老。

　　唐宁街十号有唐宁街十号的艰难, 但是坦率说, 在厨房里洗茶杯到终老, 其实也不是那么容易。

# 春日卷卷

春日迟迟,采蘩祁祁。今年冬天来得迟,春天也来得拖沓。风雪交加、风雨如晦,想着的是做点新鲜的,吃点有意思的。那,该吃春卷。吃春卷是古风,《岁时广记》记载:在春日,食春饼,生菜,号春盘。《岁时广记》是一本很有意思的书,有意思在于生活可以这样又琐碎又严肃,日月都是化整为零的,日常点滴都已经安排妥当。

记得从前,我住在东郊路的时候,那时这条路还没有改建,狭窄拥挤,摊点都尽可能地占道经营,更有菜贩子在早晨或者傍晚的时候拉块砖头坐在路边,守株待兔。我那时候一个人,下班迟,春日的傍晚,天色渐渐晦暗,路边一只一只小炉子,炉子上是一块圆形铁块,有点儿像铛,女人们右手拿着一大块揉熟的面团,肥白的面团在手里晃动,落下去,在铛上擦一下,然后迅速抬起,铛上就是一层白色面皮。左手小心地沿着铛的边缘轻轻撕动,满满揭起一张圆圆的薄饼,这就是春卷皮。女人就这样一荡一擦一揭,身边摞着尺把厚的春卷皮。暮色渐渐深了,炉火从铛与炉口的间隙中钻出来,嫣红明媚。一条路上几乎十来步就有一个,我一直奇怪,有那么多人吃春卷吗?

应该会有,不然就不会有卖。等到春深至夏,炉子们不知不觉中消失了。春卷是应景的吃法,不吃当然也没有什么,但是吃过了,这一年也就不惦记了。

自己也可以做春卷皮,不难。面粉加盐水揉熟,和稀一点,平底锅里烙成,到底手生,容易烙厚或者不均匀。馅心就跟做饺子馅一样,春天,蔬菜们都上来了,也都粉嫩着,荠菜切碎,或者韭菜切碎,粉丝热水泡软切碎,其实没有一成不变的内容,看各家的爱好,也看手头有哪些材料, 有的干脆就是豆沙馅, 最省事。肉是要加的, 豆沙馅的不加肉加猪油拌。包好馅, 卷起来, 卷到剩下三分之一的时候左右边缘折起, 卷到头, 用蛋清将口子粘起来, 也有用面糊。做春卷皮的灰面加水在火上猛劲搅, 制成面糊, 很黏。年前贴春联也可以。然后一根根落入油锅煎炸, 煎好的春卷皮子酥脆馅子丰腴, 口感很有层次。

春卷是江南人的世俗。一方水土一方人, 春天的江南野菜鲜嫩, 野菜的清俊和春卷浓厚的油腻相辅相成。春卷是有来头的, 可以追溯到晋代, 到了唐宋已成习俗, 立春之日食春饼和生菜, 就是春卷和各类蔬菜, 饼和生菜装在盘子里, 称为春盘。食物是在时间里炼成的, 它们一路演变, 愈加精致, 也在唐诗宋词中经典起来。宋人王千秋以"春日"为题写了一曲词《点绛唇》: 何处春来, 试烦君向盘中看。韭黄犹

短。玉指呵寒翦。犀箸调匀，更为双双卷。情何限。怕寒须暖。先酌黄金盏。那么不厌其烦地堆砌辞藻，其实整个内容就是讲卷春饼、吃春饼。一个冬天的枯寂寡淡之后，头批破土而出的青嫩菜芽宣告着春回大地的消息，也给每个人的口腹和心理带来期待和愉悦。

现在大棚蔬菜丰富了冬天，也混淆了季节，让四时饮食陡然少了许多乐趣。春天吃春天的食物，夏天吃夏天的食物，虽然说可能不太丰富，但是丰富到泛滥也是一种对欲望的失控。人的欲望是需要控制的，无论是饮食还是男女还是其他，需要自控与他控，这才是有节制的世界。失去了节制，无论是个人还是世界，都不是好消息。从饮食中我们能够感知的快乐越来越少，我们感恩大自然馈赠的情绪也越来越稀薄。没有期待的生活又冷又索然无味。

春日的午后，雪在窗外一直飘，地上却只积了薄薄一层。我从冰箱里清理出年前储存的蘑菇、香干、芹菜、粉丝，做馅，炸春卷。筷子拨着春卷在油锅里渐渐轻轻滚动，春卷从米白到金黄到深黄到浅褐，盛到一只白瓷碟子里。元丰七年的冬日，苏东坡和泗州的刘倩叔游南山，写下"蓼茸蒿笋试春盘，人间有味是清欢"。蓼芽、茼蒿、春笋、韭菜都是素淡的蔬菜，最形而下地体现了清欢的基本意义。油腻的春卷与清欢各奔东西，只是春日迟迟，余寒袅袅，一叠春卷，我看着我小小的女儿尖起嘴巴咬春卷，世俗的喜悦虽然低微，也是人世的一种清欢吧。

# 旧姻缘

你知道在杭州,有种古法制作油条,虽然黄胖些,我倒着实没有发现该油条的特异之处。食品一正宗免不了的可恶之处就是可爱立减。比起街头油烟滚滚中油珠滋滋作响滋滋发光的油条,口感软了,口感厚了,它现在有来头有去头,立刻目不斜视正襟危坐。

调皮的茗烟成了刻板的李四。

白色厚瓷醋碟里,一汪灰白色绵厚液体,东道主解释,这是豆腐乳汁,用来蘸油条的。先生把头直摇,豆腐乳是他的情人,也是他的仇人,反目为仇的情人比仇人更加见不得。我们小时候,腐乳是涂抹在馒头上。我先生更惨,中学期间住宿,他每周六回家周一拎一罐辣酱回校。大学离家太远,豆瓣酱成了可望不可即的美味,食堂的菜是可及不可望,没钱。每学期开始买一大罐豆腐乳,多大罐?百货公司里放雪花膏的大瓶子,到了冷天你可以拿着家里的小瓶子去打雪花膏。我们镇子小,杂货铺生意不咸不淡,那一大瓶雪花膏可以卖到隔年。一雪花膏瓶腐乳可以吃一个学期。早晨腐乳汁抹馒头就稀饭,晚上也是,中午,中午吃整块的腐乳。三年,吃够了。

先生抓起油条,看都不看旁边的腐乳汁,也不理会身边人轻蘸一点小咬一截,仇人一样一口吞掉一大截。也许是情人一样?爱之深恨之切。他的爱恨跟腐乳有关,不过都发泄在油条上了。

镜头拉回到六安。正是夏深时节,桌子上七碗八碟,正对着我的一碗殷红褐黄,说实话,色相欠佳。食物跟衣服一样,一般而言,不要试图挑战你驾驭不了的颜色,除非你有模特的身段,还得有女王一样的气场,不然,干净、简单的颜色是你的最佳选择,干净、简单的饭食也

是最细水长流的日子。而这一碗模糊的殷红褐黄无疑是挑战味蕾气场的，老苋菜红烧油条。很老的苋菜，棵棵叶大枝粗，很肥的油条，段段血肉模糊，昆虫的血是绿色的，它的血是黄色的。油条软烂到柔弱无骨，苋菜硬扎到形销骨立。虽然它们的混搭很有风格，风格这个东西，稍不留神就成了怪异。

　　我不是不喜欢油条，我喜欢的是街头摊点上和食品卫生费劲唇舌的油条，也许是童年的味道根深蒂固，也许是食物应该更有烟火气息才更撩拨人心。而不是肯德基的安心油条，安心不安心另当别论，它个头小了许多，身材发福了许多，味道清淡了许多，它不是土生土长的本地人，它是具有中国概念的外国油条。

　　我喜欢的本地油条，香、脆，白口吃也好，浸到粥里吃也好。或者有一年，我去四褐山，那时我的弟弟和弟妹在四褐山住，早晨，弟妹到厂子附近的早点摊子上买烧饼、油条，教我将油条夹在烧饼里吃。烧饼很软，面香浓烈，油条很脆，油香浓烈，它们在唇齿间纠缠，欲仙欲死。

　　这是我第一次将油条夹在烧饼里吃。小时候，油条或者烧饼往往是两者只能有其一的，有其一就不错了。不过后来，再吃烧饼夹油条，也没有吃出这一次的感觉。冒辟疆错过了令他欲仙欲死的陈圆圆，虽然董小宛跟进，但是终其一生，小宛也没有在冒辟疆心里争取到圆圆的感觉。

　　有的感觉，跟有的人一样，错过了，不是一时，是一世。

# 冬瓜也是白毛女

菜市场上看到冬瓜，巨大一枚，总有好几十斤。卖冬瓜的男人脏T恤撸起半截，卷在胳肢窝下，腆着肚子的样子忽然就想起一个冬瓜高两个冬瓜粗的俗话，我家乡刻薄矮胖子的。他老婆倒是竹竿一样又高又干巴，边卖菜边剥毛豆。

这么大只冬瓜能卖掉？卖冬瓜的男人挥着冬瓜刀说你别代我烦神，卖不掉我回家煨排骨汤喝。冬瓜刀长长窄窄薄薄，不锋利，冬瓜又不是硬骨头。一斤两斤挨着切过去，三五斤，那就一边切一边转冬瓜，正好切出一个圈。冬瓜都是长天天的，我还真没有见过滚圆的冬瓜。有个奶奶指定要三分之一处，说那儿肉厚她没牙。卖冬瓜的男人摇摇头说那我得把冬瓜切两半，没这个卖法。冬瓜的切口很容易腐烂，水分太足。可是，谁能够抵挡得住老奶奶的三寸不烂之舌？最后老奶奶拎着一斤冬瓜称心如意走了，卖冬瓜的男人被他老婆骂得浑身长毛。

天一冷，冬瓜也是一身不得志的白毛。夏天才是冬瓜的日子，每一种菜蔬都有它最好的时光。天气热食欲冷，清淡的冬瓜脉脉柔情安抚肠胃。冬瓜汤，海带汤紫菜汤老鸭汤，加冬瓜清凉到底；红烧也可以，远观可以冒充红烧肉，如果酱油颜色正好的话。用勺子挖出圆形的冬瓜丸子，视觉上比较独特。还有冬瓜鸭子汤，斩来红皮鸭子，中午吃了，剩下骨头骨脑汤汤水水晚上烧冬瓜汤。我也想不出其他吃法了。好在国人喜欢说食补，什么蔬菜都有药用价值，冬瓜也不例外。记得我哥两三岁的时候得了伤寒，接骨戴郎中，虽然他主打接骨头，一般小毛病都给对付，戴郎中掰开我哥的嘴巴看看，说容易，就是要忌嘴。这嘴忌得厉害，啥啥都不能吃，每天两斤冬瓜，切块扔水里白煮，骗他是肥肉,可怜我哥天天抱着一锅假冒伪劣的煮肥肉连吃二十天,愣把滚肥的娃吃得肋巴骨一根根像风琴。后来有很长一段时间他看到冬瓜就嚎啕大哭,甭管谁家菜篮子里的。

　　冬瓜没什么味道,也没什么形状,皮松肉弛,浮泡囊肿。卖得也贱,我记得我小时候冬瓜一分钱一斤。因为便宜所以常吃,我不吃,切成块的冬瓜太像肥肉,我绝对不吃肥肉,连形似也不能容忍。我小时候经常被家里人称为属冬瓜的,因为动辄气鼓鼓的不说话不吃饭,特

别喜欢为难自己，不说话就不说话，不吃饭还能省一顿，大人才没工夫搭理你这小性儿，顶多甩一句，你看你属冬瓜的一身白毛。水泡泡的冬瓜裹着青色的坚韧的皮，皮上附着一层白粉，像糖霜，一碰沾一手。属冬瓜的一身白毛想来意思是娇滴滴的。真是抬举我，抓破脑袋也举不出例子说明我有一点点娇生惯养，除了自己惯自己。我们这一代人，小镇上平民孩子，体格健壮一点，感觉迟钝一点，脾气小一点，性子强一点，瓷实瓷实再瓷实。冬瓜一样好养肯长，种子撒了，顺手浇两瓢水，从地里搂起来胖大琉球是它的本分。冬瓜就是冬瓜，长一身金毛，也是冬瓜，不是金瓜。白毛女扎了红头绳也是卖豆腐人家的闺女，小家碧玉的边都扒不上。

现在冬瓜一样一身白毛是没有了，在世事里摩肩接踵擦得干干净净。为难自己或者为难别人都是需要激情和勇气的。担心的倒是冬瓜一样的体型。冬瓜是减肥圣品，连高血脂胆固醇都能对付，可是这么多年下来，我还是不太喜欢冬瓜，虽然它清淡的颜色和味道很文艺，文艺女中年的口味还没有修炼得如此淡泊。

# 吹弹得破水蒸蛋

闺女说她要喝汤，顿顿要喝汤，且顿顿要喝不一样的汤。这就难煞我这个拙妇了，尤其是中午，前后就一个小时的时间，只能烧最简单的汤。一把蚕豆瓣子打个蛋汤，一把毛豆米打个蛋汤，西红柿蛋汤，然后呢？一周有五个工作日的中午啊。

简单易行的，还有一样，水蒸蛋。反正是掉到鸡窝里了。

水蒸蛋打小就吃过，没有什么菜，外婆磕两枚鸡蛋，浅绿色搪瓷敞口碗盆，蒸一大盆，几个孩子舀了拌拌饭就下肚了。可是真到了自己蒸蛋，还是有难度的，如果要蒸出嫩黄滑腻水平如镜吹弹得破的水蒸蛋的话。磕两枚鸡蛋，捏一撮盐，筷子打散，散到筷子挂不住，加水，隔水蒸。前若干次加的是冷水，蒸了十几分钟还是呈水样，第一次失败。第二次怕锅揭早了，气顶不上来，闷着头蒸了三十多分钟，凝固倒是凝固，已经塌陷下去，并且呈现蜂窝状。屡屡失败的后果是，我每天中午吃一碗惨不忍睹的水蒸蛋。

后来参加先生单位聚餐，老板娘亲自下厨，鸡鸭鱼肉之外，有一大海碗嫩黄的水蒸蛋，蛋上面密布着一层碧绿的葱花，可以看出，这葱花不是蒸好之后临时撒的，而是在蒸的过程中撒进去，葱花和蛋汁结合得很紧密。满满舀上一大汤匙，隆起的蛋羹颤颤巍巍摇摇欲坠，入口滚烫，哇，真咸。不是真鲜，鲜是鲜，不过初一入口占据上风的是咸。得意之作有如此败笔老板娘坐不住了，查找原因，三个人均举手表示放了盐，且均表示看到一大碗打好的蛋汁，均表示看上去没有放盐，就这样，盐腌了一碗鸡蛋羹。老板及时挽救了这一道看上去很美的鸡蛋羹，炖了锅老鸡汤，蒸蛋用了一碗，他将剩下的老鸡汤舀了两大汤勺汇进鸡蛋羹里，搅合搅合，虽然形象上打了折扣，但是入口效果大大提升。本来嘛，蒸鸡蛋用的就是老鸡汤。大家纷纷伸出汤匙，老板娘终于坐了下去。我向老板娘请教蒸鸡蛋羹的窍门，不是我如此练达救局，我是真心请教。在座的女同胞多是儿女长大从吃饱的初级阶段到吃好的中级阶段如今已经跨入吃精的高级阶段，纷纷支招。告诉我，如果没有鸡汤，加水的话加冷开水；想水蒸蛋滑嫩，打蛋的时候筷子插入蛋黄搅开，要打好了最后再放盐；打好后将蛋汁上的浮沫撇掉；蒸的时候上面倒扣一只碟子……

回家如法炮制，虽然不至于怎样秀色可餐，有待进一步美化，但是我的小闺女以味极鲜相佐，吃了大半碗。这就是肯定了。这孩子从小被我逼着吃鸡蛋，鸡蛋就是她仇人，指甲盖大的蛋花都要挑出来。

想起来没有请教如何保持小葱的青碧，我下了葱端出来都是黄的软的，葱香也渺茫得很。葱要新鲜才有气息。哪里都有学问，即使一碗稀松平常的水蒸蛋。

安徽人霉天要做酱，不知道是不是就安徽，我是坐井观天。蚕豆满上市的季节，剥了豆瓣煮熟了霉了做酱，蚕豆瓣子酱，灶台边上常年放着一只瓮，陶瓷的上了釉的鼓肚子小口瓮，据说瓮不坏酱，再热的夏天酱不会馊。外婆蒸鸡蛋，挖一大勺蚕豆酱，搅合散了，不放盐，为了避免生蛆，酱做得又多，都是死咸，烧什么菜只要加酱，就不需放盐。这叫酱板子蒸蛋，不似寻常嫩滑，咸香更下饭。我们那会儿口味重，喜欢浓油赤酱。所以还有一款蒸蛋虽然非常出名我们却不喜欢，叫银鱼蒸蛋。巢湖里面出一种淡水的小鱼，两三公分长，细细的肉肉的，浑身雪白到几乎透明，眼睛一点黑。把小银鱼搅合到蛋汁里蒸，银鱼鲜美不说，吃到嘴里，多了点肉肉的东西，丰富了口感层次。可是，首先这一款蒸蛋寡淡，不合我们那时候的胃口，其次你想想清雅的蒸蛋里，尽是白乎乎的小肉条子，而且密集的黑色的眼睛，让人非常不舒服，头皮发紧。由此发现,我有患密集恐怖症的可能。

　　记者节到巢湖去,回来带了几盒银鱼干,想着蒸蛋。头回洗洗搅到蛋汁里,蒸出来铁硬,这些银鱼干晒得太干了;二回有经验了,先泡泡,可是泡着泡着,捞着洗的时候散了,成了碎的肉屑。先生说,你也不看看巢湖,蓝藻横行,年年都在整治污染。我想想巢湖的样子,也不能怪银鱼了。我改用蛤蜊蒸蛋,超市里买点新鲜蛤蜊,清水里过两天,蒸蛋味道很鲜。小家伙把张口的蛤蜊拣出来蘸醋吃。我现在已经开始发掘新的水蒸蛋了,比如肉末,比如紫菜,以至于有时候没有什么菜,或者不想烧什么菜,我就像TVB的电视剧一样,问闺女,蒸碗水蒸蛋给你吃,好不好?水蒸蛋很寻常,我的心愿也很寻常,希望每次都能蒸一碗女儿喜欢的水蒸蛋。银汉无声,岁月静好,饮食男女,归根到底,也就是一点寻常心思。

# 烫饭是个小媳妇

冬天的早晨，早饭变得草率。将昨晚的剩饭，铲到锅里，倒上水，加热，煮开，烫饭对付。

现在已经很少有人早晨肯在家里吃一碗烫饭，是啊，寡淡的烫饭有什么吃头呢？忽然生出几分落寞，"苟富贵，毋相忘"，这一定是烫饭当年在耳边叮嘱再三的话。还没有富贵，已然抛到脑后，像糟糠之妻的下堂。

为烫饭说两句，不是说我有多喜欢吃烫饭。我觉得烫饭其实很不尴不尬。虽然我从小就吃它，吃了若干年，但是对它仍旧没有好感。将剩饭放在水里煮一下，这就是烫饭。烂草无瓤，首先烫饭没有什么筋骨，虽然比起粥来它要硬扎，但是这硬扎渣滓的感觉更多；其次是不香。没有米饭那股子让人舒服的香气。烫饭也是米饭烫的，那里面的香味和筋骨哪去了呢？经历，在经历的过程中，有的东西消失了。一个人有了经历，可以做到像什么都没有发生吗？一块布料，做了成衣，你又动剪子动针线地改。可以像在一块布料上加工吗？有了经历的女人，眼睛不再纯净，心灵不再敏感。经历是一个人的财富，但是也使一个人世故、成见、油滑。可敬，是在经历中付出的代价，留下的创伤，可怕，是单纯的污浊，信任的瓦解，梦想的破碎。你问一碗烫饭，一定可以问出一段伤痕累累的故事。

烫饭有因陋就简的味道，有捉襟见肘的局促，有小户人家的寒苦，是对食物的珍惜，什么都不浪费，也不能浪费，也是敷衍，将就凑合一下。对生活的敷衍，对自己的敷衍。

上海人以前喜欢烫饭，老是看到文字里带出这样的生活细节，身

上衣裳口中食，当年的上海人宁肯苦嘴巴不能寒碜外包装。还有香港
人，李玉莹写的《关于食物的日常记忆》，提到她小时候经常在烫饭里
加一勺猪油，美味难忘。我想这美味不是因为烫饭，是因为猪油，冬天
早晨猪油融化在烫饭里，蒸腾出的脂香对于早晨、寒冷、少年，有着无
可言表的杀伤力。时间、地点、人都正确的时候，简陋的食物有了温暖
的意识。

　　近年来，猪油烫饭成了饭店里的一道主食，酒足菜饱之后的意思
意思，非常受欢迎。虽然它常常顶着菜泡饭的帽子出现，为避食客讳，
不提猪油，猪油会令食客们闻风丧胆望而生畏，其实哪一碗菜泡饭里
没有猪油？雪白的饭粒煮得恰到好处，我说的恰到好处是既不是粥那

样分不出你我，也不是水是水饭是饭那样粒粒分明，里面有青菜的碎屑，是碧绿的青菜而不是吃剩的青菜，那煮出来是黄的。猪油和米饭的热汽香味袅袅盘旋，每次我们都感叹，家里怎么就煮不出这样浓稠的烫饭呢？当然煮不出，他们耗在这一碗烫饭里的工夫和本钱不比煮粥少。让烫饭水乳交融只有放水慢慢煮，假之以时，有的也可以煮得和粥相差不远。而我们煮烫饭，是本着节约省事的原则，所以饭和水总是同床异梦。

烫饭不养身又不养胃，也满足不了口腹之欲。但是煮饭不能掐着脖子煮个正正好，早晨也没有工夫烹炒煎炸，而当我们的胃再也不能轻易消受那一粒粒子弹一样的炒饭时，烫饭无可避免。

烫饭是个小媳妇，素朴、寡淡，不招人待见，不惹人怜爱，不是涂脂抹粉或者红袖添香，她们坐在灶下添柴，到田里浇水，在灯下缝补，是胡兰成当年结发的妻子唐玉凤，是鲁迅的朱安，是徐志摩的张幼仪，是那些被遗弃的那些不被遗弃也不被爱的女人，委屈、辛酸、无奈，可是，又能怎样？

每天早上，面对烫饭，这一碗清汤寡水映照出的人生，长日漫漫尽是重复。

# 有商有量有滋有味

我说我是浮光掠影地住在芜湖，悲和喜都悬在半空中，不想和这个城市藕断丝连。但是一个城市的好处，却须得与它水乳交融了方才领略到。比如人情的冷暖味道的厚薄，都要有根基才有滋味，知根知底的享受是最实惠的享受。

我不能。我没有关注也没有了解过这个城市的口味。这个城市也是先知先觉，知道我养不家，也就懒得知心知意待我。好在仗着年轻，仗着刀子一样的胃，也将这个城市的热汤冷饭一一消化了。但是所有的粗糙都会留下后遗症。当刀子还在，却是钝了的时候，我开始摸索这个城市的胃口。有段时间我总是看一位同事写的关于做菜的稿子，短短一两百字，肉末茄子或者干煸四季豆，很家常的菜，很简单的做法，老实本分，一点噱头也不玩，却一点没有怠慢的意思。越是简单的越是好吃的，做菜做到这个地步是返朴归真还是取得真经？对于一个不懂得领略入厨乐趣的人来说，生活的快乐又打了折。还有一位老师的美食小品，从红烧肉到面筋裹肉，也是寻常菜肴，我不是土著，不能领会某条巷子里某家牛肉面的独到之处，或者某个土生土长饭店里小笼包子的独门手笔。幸而时间在这里做了最好的佐料，它给我的感官来了次成功的引渡。

一个人懂得了饮食的好处，大概也就懂得了生活多一半的好处吧。我不敢说懂得，只能说商量着来。是的，我开始和生活有商有量地交涉。善待是相互的。当我肯放下身段，这个城市却也肯给个台阶让我下了。

我不会做菜，也不会点菜，说不会许是借口，不留意是真的。请客，推脱不掉，起手就来两大盆汤，摆出一副灌个水饱的姿势。我也没有那么精致的味蕾，只会说好吃不好吃，若问好在哪里，那就哑巴吃黄连了。所以大餐小吃，能消受，却也就这么修了五脏庙。家常饭菜我也没有微词，属于好养活，也属于没品位。要怪就怪打小没什么吃的，可不就逮着什么吃什么，品位又不是一朝一夕就能立竿见影。

当然品位是个小众的东西，于芜湖而言目前尚不具备推广前景。芜湖的大众兴趣更容易成堆扎伙地体现，从沙煲、麻辣烫、过桥米线到辣子鱼、香辣虾，一拨一拨地红，也一拨一拨地吃倒胃口。芜湖这个城市对于饮食和我一样，没有什么原则性可言。这样没有什么好，因循未必是食古不化的守旧，有时候反而有一份坚守传统的尊贵；这也没有什么不好，食五谷是为了添养精气神，若是能在家门口尝四方滋味，是福气也是运气呢。这一点也可以看出，芜湖的开通和经验丰富，它具有非凡的包容性，同时也不声不响地消化了不合脾胃的成分。所以芜湖的外来食物虽然不失个性，也将本地口味当作了必不可少的浇头。若是真到了四川云南，对于麻辣烫或过桥米线就不是故旧重逢而是新朋初见，只是以被芜湖惯坏了的胃口，未必能相见欢。

在芜湖生活久了，就不拿自己当客人，自己买单当然拣自己喜欢的点。我喜欢吃芜湖的干子，很草根是不是？无论是水阳干子还是黄池干子，都是我家长驻大使。但是我记得最好吃的干子是在一个朋友家里，他的妻子煲了一罐烂烂的老鸭汤，我专门捞里面的干子吃，那天我究竟吃了多少干子呢？鸭汤是慢火煲出来的，干子是陈年老卤煨出来的，人情的些微暖意敌不过世事的软硬兼施，杯盘草草灯火昏。当然，我也吃过难吃的饭，纵然不挑食，还是有食不下咽的苦和如鲠在喉的难。但是一饮一啄，是自己碗里的今生今世。是生活这坛老卤煨出的这段人生，还是吞下去吧，能不能消化得了，那就看各人造化了。

说到老卤，我母亲最有发言权。母亲有一坛子陈年臭菜卤，能做最地道的臭咸菜蒸豆腐。墨汁般的臭菜里浮沉着白玉般的豆腐，漂儿滴生香油，摊一勺红得逼人眼的磨辣椒，臭菜的香和臭齐头并进铺天盖地，一条街的人都吸鼻子，这就是芜湖臭名昭著的"千里飘香"。住老房子的时候，总有邻居拿只碗来找母亲讨要，现在这样的情景是不会发生了，芜湖人越来越热衷在饭店里吃这道菜，我的母亲有点小小的失落呢。

　　母亲一辈子围着锅台转，在胃口欠佳的夏天，她的看家小菜是毛豆、辣椒、腌萝卜丁炒炒，照顾到我，还要加干子丁，都是最江南最平常，绿豆子褐色干子浅黄色萝卜丁是因陋就简的淡泊，几片红辣椒点缀出俗世的艳，这种简单的近乎苦行的姿态，仿若揣一个现世安稳的许诺，不敢张扬，担心错失，所以越珍重越迟疑。

饮食男女

第四辑

# 诗经里的春天

三月韶华胜极，诗经里的春天迢迢赶来，停在青衣女子的指尖。这些诗经里的女子，犹如去岁枝头不肯凋谢的花朵零落在春天的田畴，择取野菜，疗饥果腹。

循着野菜清香微苦的气息，也许你已不能认出它们被时间模糊的容颜。"春日迟迟，采蘩祁祁"，蘩，是白蒿；"采薇采薇，薇亦柔止"，薇，是嫩豌豆苗；"采采卷耳，不盈顷筐"，我的朋友丁纯说在他家乡，卷耳的小名叫"个针子"，小时候摘了，扔到小伙伴的头发上互戏，几百公里外我的家乡，它叫"歪丝田"，野外走一趟，常常就有几粒拽住我们的裤脚，一路跟过来；"采采芣苢"，芣苢，就是车前子，小名猪耳朵菜，我们这里有人叫它蛤蟆菜；"焉得谖草，言树之背"，谖草，是萱草，即黄花菜；"薄采其芹"，"芹"，不是水芹，也不是大叶芹，是水草……这些田间地头水泽泼辣生长的野菜，在诗经里是如此端庄古典，不容轻狎，今天突然照面常有惊艳之感。犹如，有一天，在灰尘积淀的阁楼里，一张褪色的龙凤帖上，你发现那个整日系着蓝布围裙，芦花般一头白发的奶奶，有个典雅的闺名。心弦扣动，有点惆怅，有点喜悦，有点生疏，也有点糊涂。

也有我们熟悉的野菜，一直浮在生活的河流上，漂过时可以像个熟人般招招手。"谁谓荼苦，其甘如荠"，荠，是荠菜，江南人最熟悉不过的野菜之一；"陟彼南山，言采其蕨"，蕨，就是蕨菜；"彼采艾兮！一日不见，如三岁兮"，初生的艾草毛茸茸的，可以炖汤煮粥，和米粉做成碧绿色小团子。这些平日里素面粗服的乡下女子，突然冒出个尊贵身份，叫人真有点心下狐疑。据说从《诗经》里一共考证出二十五种野菜,哪里是思无邪的咏叹,简直就是一座远古野菜种植园。不过在诗经时代,这些都是园蔬,到了唐朝,它们正式下野,成了野菜。再相见,是田间陌上,葳蕤春光,我们相望无言。

每一次读诗经,仿佛在月光下的渡口,等遥远的诗经里荡出一叶扁舟,载我滑入春天的深处。

春天是衣食的春天,野菜纷纷从土里冒出来,一场春雨,两朝春阳,立刻像泻了的春水绿汪汪铺成一片。有半日闲,拎个篮子带把铲子,去地头从荠菜马兰头一路挑过来,晚上餐桌上就有一盘炒野菜,它是春天送给灶头的新意。不要吝啬油盐,野菜苦熬了一个缺油少盐的冬天。或者你油腻的舌头不习惯野菜的粗糙,犹如你贫瘠的内心盛不下一本丰腴的诗经。但是,只有吃下去才会知道,在它粗糙的容颜下,有着多么丰富温柔的内心,多么汪洋恣肆的热情。

春雨潇潇的夜晚,清越的歌吟引领我,在诗经里穿行。外面的世界越来越静,静到如同沉船后的深海,而我的内心是如此浩繁。窗外,草木正一日比一日丰盈,梨花如雪,覆盖田野;桃花红彻,燃尽千山;油菜花如轰轰烈烈的洪水涌到脚下。植物的气息在夜晚妖娆热烈,升起于古中国的田野,田野上劳作的女子,女子心中,远方的征人。那个采着卷耳的思妇,她忧伤地叹息:“采采卷耳,不盈顷筐。嗟我怀人,寘彼周行。”采了又采,可是半天不满一小筐。我想念心上人,菜筐弃在大路旁;“采薇采薇,薇亦作止。曰归曰归,岁亦莫止。”征人说,采了又采,冒出芽尖。说回家何时回家,转眼间就到残年。还有“谁谓荼苦,其甘如荠。宴尔新婚,如兄如弟。”……这些诗句,如一轮明月,映照岁月的无限暖意和诗意。“温柔敦厚,诗教也。”说的是诗经,说的也是野菜。野菜,这宅心仁厚的女子,耕田织布暖老温贫,现在,已经不再需要它来普度众生,却依然葆有淡泊的品性和清洁的风骨。

　　苏轼写过:蓼茸蒿笋试春盘,人间有味是清欢。野菜是现代人春天的清欢,它们从遥远的诗经里游弋而出,像一尾鲜活的鱼在这个春天拨喇出水声。湿漉漉的水声。清薄的气质与芬芳,传递出农耕岁月的美好。而人世间那些热烈又匆忙的情感,亦一并自诗经时代沿袭而来,到今天依然纠缠在瓜田李下。

# 碗转曲尘花

碗转曲尘花，说的是茶。整个文字是：茶香叶，嫩芽，慕诗客僧家，碾雕白玉，罗织红纱，挑煎黄蕊色，碗转曲尘花。夜后邀陪明月，晨前命对朝霞，选尽古今人不倦，将知醉后岂堪夸。我是从今年新茶的包装上读到这几句的。这样的闲情文字在中国的古诗词中比比皆是。我们的很多智慧都消耗在了很多无所谓的事情上面，就像我们把很多的时间和心情都消耗在一杯茶里了。这是我们追慕的散淡。

茶是散淡的。散淡是中国的君子情怀，所以有"扫来竹叶烹茶叶"，"壶边夜静听松涛"这样清逸的句子，只是写这些诗词的君子内心也许正像一杯沸水冲就的茶一样翻滚煎熬，散淡是一种彻骨的情怀，可是天已彻骨，人尚含糊。是前程抱负有约不来过夜半，一杯茶温存地陪伴着辗转难眠。

只是所谓的碗转曲尘花，小小的茶盅里又能婉转出怎样的心情和故事呢？当一个人连自己的心情都未必能够承担，一杯茶又当得起什么微言大义。

今年春天的第一份新茶带到了乡下，八十几岁的老人喝了一辈子豪放的六安瓜片，喜欢的却是秀丽的毛峰，前阵子中风了，都说，不知道明年的新茶他还能不能喝到。这个春天错过了一个老师的追悼会，那天上午坐在办公室里，安静地喝一杯茶，安静地回忆起他总是在办公室里推荐他喝的好茶，宛在眼前。茶是那么的容易冷下来，而身边的人，总是那么意外又简单地离开我们。不是伤感，流年如此，没有谁能够始终保持一份鲜绿温暖，蒙田说，生的意义在于死。可是当生命像一杯残茶一样被泼于岁月的马前，谁能不心惊？而我们，也已经远

离了初巡二巡，渐渐无味。流年将生命这杯茶越冲越淡，也将那些令生命无比甜美的东西逐渐消释，如同情、惊喜、冲动、天真、感动、幻想、满足，归根到底，我们最逐渐淡去的情感是快乐。这些都是令人生有滋有味的茶叶。

暮春的夜，凝视着一杯茶，落红铺满心底，沉淀下来的茶叶舒展出森森然的清寒。杯口袅袅浮动着初春的甘甜，一起浮动的还有丝丝缕缕的记忆。这时候喝茶犹如写一封长信，是善待别人，也是抚慰自己。只是我已经越来越少写长信了，不是无话可说，而是宁肯选择不说。杜拉斯说：酒使孤独发出声音。那么喝茶吧，茶使孤独沉默，沉默是心底唯一的声音。青春的成长、中年的老去，我们在得失中不能自已，同时也像个投机商人一样囤积了很多记忆，这些记忆在某个时候如沉冤的鬼魂郁结成无可排遣的情绪飘散出来，是对来路又湿又重的珍惜和悔意。

有的记忆可以酿酒，有的记忆可以斟茶。酒暖回忆，茶冷人心。你知道深夜里喝一杯自己的冷茶有多么的凋敝畸零，可是我们已经没得选择。

酒是朋友，茶是知己，人活到最后这个知己多半就剩自己了。前几天晚上，一个人发来短信，问我过得好不好。认识已经十余年了，同在一个城市，经年也见不到一两次，但仍然是可以信赖的朋友。还好，还有这样的朋友，在远离了喝酒的青春岁月后，也许还可以一起喝杯茶。是开门七件事的茶，是"白菜青盐糙米饭，瓦壶天水菊花茶"的茶。有一些暖老温贫的心肠，即使带着最世俗的酒气。

我很喜欢白居易的这几句诗：坐酌泠泠水，看煎瑟瑟尘，无由持一碗，寄予爱茶人。人生的种种际遇，无非是茶冷茶热，而人生的缘来缘去，无非是新茶陈茶。不能共饮，那就分享。

# 浓情白米饭

如果有人请吃饭或者你请别人吃饭，其实是打着米饭的幌子干别的勾当。那餐可能消费了很多的酒很多的菜很多的钱，米饭却是最暧昧的配角，出不出席都不一定。看看酒足菜饱，主人问，来点什么主食？潜台词是今天差不多了，各位。总有人低调要碗米饭，不敢张扬，怕主人疑心菜的质量不好或分量不够，常常是没划拉几口，已经有人退场，一番混乱中，那半碗饭早被忘记。

几千年的饮食主角就这样沦落得可有可无。像糟糠之妻的下场，只差没有下堂。

垃圾箱里白花花的倒饭简直司空见惯，真是造孽。我最见不得人这么糟蹋粮食。虽然没有经过饥馑年代的煎熬，虽然没有面朝黄土背朝天的辛劳，却是懂得粒粒皆辛苦，知道一粥一饭当思来之不易，是别人辛苦种出，也是自己辛苦挣得，浪费了是对他人和自己劳动的鄙夷，也是对造物恩惠的蔑视。劳动人民出身，对于米饭，我怀着最朴素真挚的感情：无论是八千岁粮仓里给苦工吃的头糙，还是贾宝玉在怡红院就着汤泡了半碗碧莹莹的粳米饭。有饭吃，能够吃饭，是最基本的幸福。值得感恩。

承认饭量越来越小，这是个普遍现象。即使长了个农民胃没见米饭就觉得少吃一餐似的不安稳，却是眼饥肚中饱。到了夏天，更是胃口尽废。想起小时候夏天傍晚，几个小家伙从檐下的筲箕里舀碗冷饭，茶水一泡，就着几根酱菜瓜，挥汗如雨中呼噜噜一人两大碗。真是刀子一样胃口，现在，胃还在，刀子是钝了。我妈一煮饭就抱怨，说这哪是挣钱养家的汉子肚量，跟喂群鸽子似的。忽然就有了少年子弟江湖老的怅惘。

才明白年轻的时候读到的那句诗：老的时候，把你的影子腌起来，风干，下酒。想想也就下酒了，还能浅酌几杯，要是下饭，尽是食不下咽的酸楚。所以一切有着好胃口，甚至白饭也直滚的人是有福的。用不着聒噪米饭里面淀粉多，会转化成脂肪囤积在体内。活着不仅仅为了吃饭，可是活着对吃饭的兴趣越来越淡，还活个什么劲呢？饮食男女，是生存的重要乐趣。一日混三餐，三餐肚儿圆，农耕社会最原始最终极的愿望。

我喜欢锅灶边煮熟的米饭丝丝缕缕升腾的醇香，喜欢灶膛里余烬的微温，传递出岁月静好，现世安稳的信息。十年修得同船渡，一个锅里抢饭勺该要积多少年的恩德？一碗米饭里微微温暖着一段世俗的姻缘，咀嚼，咽下，吃眼前的饭，喝今生的酒，若得真情，哀矜勿喜，什么都不要说了吧。

也许是段孽缘？世情看透，味同嚼蜡，没有激情和感动，只是习惯，仍然要一粒粒、一碗碗吃下去，地老天荒似的，吃完这辈子的定量。不动声色中，是不是有一粒沙子咯着了，痛彻心底？

辗转在一碗米饭里的心情，真是一片狼藉。

# 吃点什么

在外面吃饭，主人客气问想吃点什么，总是说随便。实话实说，是真不知道点什么菜得体，而且我觉得吃什么都无所谓。寻常人家的孩子自小就没有着力细节培养，长大后独自打拼，更是果腹远重于品味。也不介意有人小题大做，上升为国计民生的大事件，怎么郑重都情有可原。如果举重若轻，也没什么不好。对食物有要求的人比较高贵，我没有那么精致的味蕾敏感的胃口，属于不计较的粗糙一群，更容易快乐。

因此对厨艺也相当白痴。可是吃饭不是光凭兴趣，还是得进厨房，以煮熟为最高境界。至于滋味，靠天收吧。都说要抓住男人的心得留住他的胃，这条真理如果实践到我的头上，估计只有切除他的胃我才能抓住他的心。不过谁知道那个男人有没有心呢，都说主中馈的是女人，好美食的多男人，但是男人的胃和心未见得都够交情。天天美食打通了他的胃，曲径通幽处，还是没见着心。

凡事都有利弊，我这样不善烹饪的女人好养活，不会抱怨饭店的菜不够地道，某人的厨艺不入流，好吃就多吃点，不好吃就少吃点，总不好意思光吃不做还抱怨人家做得不好。所以进饭店听人家嚷嚷要特色菜就烦，就是吃饭嘛，犯得着这么较真。不过真的遇到深谙饮食之道的人我又佩服得不得了，所以热衷拜读饮食随笔，从袁枚的《随园菜单》到沈宏非的《食用主义》，连李玉莹那本寡淡的《关于食物的日常记忆》我也点了一份。我想一个人在吃上面不俗，情调一定也是高人一筹了，据说三世穿衣五世才懂得吃饭哩。到底是没见过什么世面，很容易丧失方向感。

　　都是吃饭，有人从一而终的嗜好某种食物某种滋味；有人喜欢猎奇，花样翻新才有兴趣，是不是更像在说追香猎艳？倒是知道某人固执地喜欢霉干菜扣肉，很奇怪的江浙嗜好。每次我们吃饭他都要一份，油腻腻的五花肉，乌糟糟的霉干菜，扣成个碗状倒置在碟子里，像个黑面馒头般晦涩郁闷。是妙玉最喜欢的一句诗：纵有千年铁门槛，终需一个土馒头。一直纳闷怎么这么个情调高蹈的女孩子会喜欢这么没情调的诗。等到我吃的盐也可以跟人家吃的米较把劲了，明白过来了：多风花雪月的人，脱不了一日需三餐，一年过四季；多冰清玉洁的可人儿如妙玉，末了也少不得一抔土馒头；多孤寒清高的女人，也免不了想把头靠上某个肩膀。是劫数吧。万念俱成灰之前,隔着那份土馒头看过去,山河岁月经天纬地中,死心塌地觉得这个人就是我的一日三餐一年四季。

只是一动筷子,土馒头立刻土崩瓦解狼藉一片,真是不堪一击。世间男女大多如此。

菜如同人,有的让你饕餮狂欢,有的令你郁闷要死。但是再好的食物不如好的人,好的人又不如好心情。吃饭的最高境界不是口味不是价钱不是情调,是"吃人",需要那个人,才和他吃饭,百吃不厌,即使粗茶淡饭。从来不吃霉干菜扣肉,但是我喜欢和他一起吃饭。

女人的终极愿望无非是和喜欢的男人吃一碗安乐茶饭。

# 再添一碗

再添一碗。这是比较罕见的。如今连娃娃们吃饭都是一碗成功，再添一勺子他们都蹦跶个没完。吃饭，又不是吃药。可是如今吃饭比吃药都困难。办公室的姐儿，到饭点就从包包里掏一把药丸子，定期到药店购买各色维生素，医保卡入不敷出，食堂的饭卡倒是一年到头不动弹。最好的减肥方法是什么？是饿。

前几天和出版社的老师一起吃饭，叨陪末座。买单的姐儿可热心了，生怕大地方来的老师们吃不好，而且可职业了，一定要有大菜。当然我这样一个主中馈不合格，又不买单的人，既不能张扬着东道主的主动性，又无能彰显内行的热情。眼睁睁看着一盘红烧甲鱼上了餐桌，且是本甲鱼。是不是本甲鱼只有该甲鱼心里清楚，可惜已经杀人灭口死无对证，价格当然是比本甲鱼还要钢钢地。这热浪滚滚的夏天，恶浪翻翻的傍晚，一大盘浓油赤酱的红烧甲鱼，看看都感觉从汗毛孔往外渗油，你说得有多强劲的胃口来对付？尤其在座的一不喝白酒二不喝啤酒，既然不豪饮哪能大口吃肉？点餐的姐儿不停推介，收效甚微。看看本顿饭局进入尾声，由不得为这只昂贵的甲鱼痛心疾首，咱是过日子的人，菜市场差个三五毛，那把小青菜死活就进不了你菜篮子。

何况是甲鱼，本的。

就在这个时候，服务员上来了，不声不响地提起甲鱼锅子下去了。时段已是最后一轮热情寥寥余温尚存，众声喧哗，集中轰炸，等告一段落，瞬间有枯坐的茫然，非常适时跟设计好的一样，服务员捧着满满一大锅上来了——甲鱼汤炒饭。没有吃完的甲鱼也在，但是第一女主角已经沦为黄金女配角，她的出现只是为了证明这出戏是有来头有来历

的。主角是米饭，不是白花花而是赤褐色，粒粒饱满油光锃亮，日光浴得既充足防晒油抹得也充分，最重要的是不像等闲炒饭那样硬，被二度烧伤后吸干了水分，枪子似的，干爽是干爽，就是在胃里面的时候也倔强地列队走正步，胃们扛不住这样的准军事化管理。但是也不烂软，汤汁包裹着米粒，一点不多一点也不少地阳光般均匀，火候一点不多一点也不少地均匀，在这里，均匀是个多么美好的词。因为这一锅米饭是独立的个体，又是整体，这剩下的甲鱼汤汁以及甲鱼块，是残羹又不是冷炙。厨房的机密在哪里？在于五味调和得均匀，在于菜蔬们既能保持各自的独立性又融合成为一体。治大国若烹小鲜，若是烹得小鲜，他就是他的国度里的王。这就是王的盛宴。

农耕社会的后裔，对于一碗米饭的眷恋丝丝缕缕，绵绵不绝。在这里，米饭不仅仅是米饭，也不能就是米饭，它是包容的混合的杂糅的，也就是说，米饭不是为了果腹疗饥，而是和菜蔬一样向味蕾讨好和肠胃卖乖。我们吃一碗米饭，已经远离了吃饱的最初要求，脱离了吃好的小康阶段，只是为了安慰而已。安慰我们的期望。

甲鱼炒饭人人来了一碗，所谓的一碗也跟一酒盅差不了多少。很高兴的是，有人再添一碗，能够放开肚皮吃饭，想吃饭的人是有福的，是那碗米饭的福气，也是那个人的福气。

福气这个东西，跟甲鱼的本不本一样，可遇而不可求。

# 你的嘴唇上有金子

中午约了朋友吃饭，还没有到时间，已经觉得饿了。春天是容易觉得饿的，孩子们要长身体，狗熊要补充被冬眠耗尽的存贮，而中年女人则忙着储藏脂肪，本能的危机感。

坐不住，溜达到步行街。阳光真好，尤其是久雨之后的春阳，暖酥酥的。步行街上有很多美女，都说芜湖是个出美女的地方，这话一点不掺假。而且她们非常会穿衣服，二四八月乱穿衣，所以二四八月出美人。人要衣服马要鞍，芜湖的女孩子会七搭八搭将各种衣服搭配得摇曳生姿。这是需要一些天分的，至少对于美有着比较成熟的思想和能力。我就不行，非常弱智，所以穿衣服永远是最安全最低调的搭配。连打扮女儿也是这样，这个小小的人儿穿一件黑色衬衫去上学，或者米色灯芯绒连衣裙。所以现在流行混搭对于我来说完全是件超过能力的拓展题。

这个过去的冬天买了三条围巾，结果怎么样，还不是跟捆稻草一样捆在脖子上。学人家松松地搭着，围巾飘飘洒洒？立刻想到了邓肯，她就被一条红色围巾勒断了细细的脖子。我这样一个笨手笨脚的人，走平路会崴脚，站那里会摔跤，坐茶楼喝茶总是洒一身，还是算了吧。

可是步行街上，来来往往的女孩子女人们，将围巾只是随意地一搭，立刻就风情起来。围巾是个很风情的东西，无论男女。

没有风情，却有心情。买了一只麻球，我跟几个大妈一起，坐在步行街广场的石头台阶上，看美人。

麻球是油炸的，糯米团子外面滚一层芝麻，然后放到油锅里炸，炸得外面金黄内里绵软。昨天看《新民晚报》有一版大谈豫园的美食展，七七八八介绍了好几样，印象深刻的是柿子饼，金红色，将柿子和面，包上馅压平，比量着报纸估计跟茶杯口大小吧，放油锅里炸。隔着报纸我都闻到了香。贾母喜欢一切甜的烂的食物，我喜欢甜的烂的，同时还有香的脆的。这么一囊括是不是没有不喜欢的？好胃口。

　　麻球又香又脆，还甜，估计糯米面加了糖。当然，热量也可观。不过减肥是个永远的话题，生命不息减肥不止，不如先吃了再说？糯米在口腔里是又软又糯地甜蜜着，不好意思说自己没有吃饱，太生猛了。但是真的没有吃饱，就像钱要放在口袋里才踏实一样，我的胃很农民，一定要实实在在地充实才觉得满足。玻璃橱窗映出我的脸，我的嘴上熠熠闪光，那是吃过油滋滋的东西留下的证据，忽然想起一句话，一句诗歌一样的话：他的嘴唇上有金子。

　　这是昨晚临睡前给女儿读故事书的时候读到的句子。迪斯尼动画片的文字版，有好多是安徒生童话，她最喜欢白雪公主，因为插图上的美女跟芭比娃娃差不多。大眼睛小嘴巴，职业化的微笑，长长的睫毛，忽闪着。可是再忽闪也不是美少女，只能说装嫩。芭比已经五十岁了，在好莱坞这样一个更欣赏成熟女性美的世界里，这个年纪也偏大了点。看着女儿忙着给芭比换衣服，在她柔嫩的小手里，这位资深美女大概也有点倦怠了吧。

　　我喜欢给女儿读这些故事，有时候我不知道是给她读，还是自己在看，安徒生是没有年龄的，每一个长大或者没有长大的人都应当读他，读他嘴唇上的金子。"在一个小院落里，太阳在春天的第一天暖洋洋地照着。它的光线在邻人屋子的白墙上滑行着。在这近旁，第一朵黄花开出来了，在温暖的阳光里像金子一样发亮。老祖母坐在门外的椅子上，她的孙女——一个很美丽的可怜的小姑娘——正回到家里来作短时间的拜望。她吻着祖母。这个幸福的吻里藏有金子，心里的金子。嘴唇是金子，全身是金子，这个早晨的时刻也是金子。"这是《冰雪女王》里的一段。看《冰雪女王》有冬泳的感觉，但是这一段很温暖，是春天，天气和煦，视而不见。温柔而甜美。

幸福的吻里藏着金子。他的嘴唇上有金子。

我碰到安徒生的时候已然成年，我所记得的童年，是被大量淀粉填塞成婴儿肥的脸在阳光下无知无畏地红着，与精致、敏感、优雅无关。是一种遗憾。就跟在女童时代，没有一只芭比娃娃，没有一件白色纱裙一样。在柔嫩的童年我没有能够领会到安徒生童话里最天真童真的部分，而最大的遗憾是，成年之后仍然会被那些碎金刺伤了心。

虽然心上有了一层茧，依然会有不设防的瞬间，怦然碎裂。

# 时间的味道

　　夭夭带着女儿到云南旅游，给我捎了云南月饼，简直感动到不行，无法想象走路都嫌胳膊多余的这俩人是经过多么艰巨的思想斗争、严格筛选最后还是把我给留在筛子上。

　　这是人情的味道，带着暖意。

　　对于甜食我是无力抗拒的，无力抗拒的还有记忆。剥开，一缕似曾相识的气息蒸腾。也是这样的秋意渐浓时节去过云南，从最后一站"七彩云南"带回几盒月饼。那是旅行的邂逅，没想到沉淀在心底，依稀成故人。秋雨大师说：一个人的故乡就在他的胃里。云南和我扯不到一个锅里，只是记忆里的气息突然袭来的时候，心头免不了微微一颤。

　　和江南月饼一味的甜腻不同，云南月饼的油是整体浸润得无处不油，而江南江北一般甜里粉红的云腿柔韧筋道，且是咸的，云腿当然是咸的，又油又甜又咸，我有点招架不住这种混搭，其实也不能断定这就是最正宗的云南风味。什么是最正宗的味道呢？天下的水最终是流到一处的，天下的食物最终也是同宗同源的，米的气息、麦的气息、黍的气息，大地上植物和阳光杂糅后被时间发酵的气息。还有记忆，记忆是柔软剂，也是膨松剂，让过去无限放大无限柔软无限酥松塞满乡愁。

　　刚结婚的时候，婆婆中秋前会送月饼过来，她自己做的。揉好的面团发酵，摊成圆形，里面包着红糖或猪油豆沙，上面点缀着红绿丝，或者枣子，视手头食材情况而定，也视需要而定，在孩子出生前那几年，婆婆的月饼都是放着枣子，红枣、金丝蜜枣，放在蒸笼里蒸熟后，用模子蘸了红色在上面磕一个花纹，这个两三厘米厚、直径二三十厘米

的白色饼子，就是沿袭下来的月饼，先生说在离开家乡之前他以为全中国的月饼都是这样。月饼踏着时间而来，在餐桌上盘踞，饿了的时候揪一块，泡泡松松，就是面就是甜，可是揪着揪着也就差不多了。有时候我的口味比我以为的粗糙潦草，甚没品位。

不过没吃几次婆婆不再做了，城里的月饼席卷，手工月饼消失，甚至一个村子都没人去做肥白热乎的月饼。先生应该有些怀念吧？我听到他对女儿说：我小时候吃的月饼好软。

而我的童年，心心念念的是母亲收在猫叹气里的月饼。圆圆的油汪汪的一大块，类似于现在芜湖街头清真月饼的体量。月饼上下用不吸油的蜡纸隔开，不过时间一长，再拒腐蚀也被月饼里的麻油给浸透了，母亲又特意用报纸包裹几层，放到一只俗称猫叹气的圆形篾篮子里，高高挂在从房梁上垂下的铁钩上，不仅猫偷吃不到要叹气，我们这些馋涎欲滴的孩子也日日仰头一边瞻仰一边叹气。等到中秋那天晚上吃过晚饭，母亲取下月饼，用刀切开，每人可以分得八分之一左右三角形的一块。因为时间放久了，有点走油，月饼表皮很干，粘牙，但是突然咬到一粒个体独立性很强的冰糖就足以令我们欣欣雀跃。那个时候我们有着刀子一样的胃和饿狼一样贪婪的食欲。

现在，刀子还在，钝了；月饼还在，不是记忆里的了。有的味道就这样消失了，伴随着消失的味道的，是一种生活的戛然中断。

食物是和记忆一起贮存在每个人的心里，一个人丢掉了故乡，最直接的是丢掉了故乡的食物的气息。一个人一辈子缅怀的故乡，是温热的灶膛上坐着的那口大锅，大锅里食物的味道。它没有你以为的那么甜，就像故乡没有你以为的那么美好，但是中和了时间，搅拌了记忆，它永远占据了你味蕾中最敏感的部分，你内心因为悲伤而最柔软的部分。

# 年年有鱼

癸巳年开张，讨个好彩头吧。年纪越大，越懂得随从就俗的乐趣。

过年，年年有余是永恒的口头禅。不过如今也不比小时候，一条提年鱼从年三十地老天荒到正月十五，粉得筷子搛不起来。在婆婆家吃年夜饭，也不是年夜饭，下午三点开席，入乡随俗吧，噼里啪啦一顿鞭炮，叽里呱啦一顿鱼肉。吃完了寻思，怎么没有年鱼呢？红烧鱼块摆明了是吃的不是留的。当然没有问，这把年纪没那么天真无邪的好奇心。

饭前，小姑子来了。小姑子嫁得不远，不过按照习俗，该是初二回家，她是赶着来送鱼给我们。妹夫大哥承包的鱼塘腊月里起塘，特意为我们留了两条鳜鱼。放在桶里，天天滴滴答答滴水，养着等我们回来。鳜鱼挺大个，一条有一斤七八两，妹夫说这算小的了。鱼倒到盆里，小姑子坐上妹夫的摩托车回家，他们家的年夜饭也要开始了。我看到小姑子拎着桶的左侧羽绒服湿了一大块，该是来的时候，车子颠簸水溅上去的。

小姑子夫妻两个在无锡打工，一年我们见个一两面。我也有兄弟，我懂得妹妹对于哥哥的感情。

一斤左右的鳜鱼是做元宝鱼的最佳鱼选，年前卖到七八十一斤。我一般一个星期买一次鳜鱼，闺女爱吃这个，卖鱼的大姐熟悉了，都是老价格卖给我。二十八的我站在她的鱼摊前，她有点踌躇，我干脆要了条鲫鱼，反正也不是做元宝鱼。大姐说今年我家鱼塘鱼多，初八就出摊子，你过了年来买鳜鱼，我给你老价钱。

鳜鱼越大越便宜，红烧差不多，清蒸还是七八两一斤最合适，不过

我也吃过两斤多重的清蒸大鳜鱼。十几年前,也是过年的时候,先生离职的单位总监请吃饭,记得是年初三吧,总监一家住在伟基大厦,总监太太是内蒙古人,说话鼻音很重。具体吃的什么我不记得了,没有牛羊肉,估计芜湖的牛羊肉入不了内蒙古人眼。印象深刻的就是一条两斤多重的大鳜鱼,而且是清蒸。他们家的厨房里,虎踞龙盘着一只大蒸笼,规模相当于我们现在街头九龙大包的蒸笼。总监太太说,蒸笼是从公司食堂借来的,鱼是在世纪联华买的,早上六点多就开始蒸了,怕蒸不熟。

熟了。一整条鱼放到餐桌上,立刻缩小了餐桌。总监太太说年前她在饭店吃到清蒸鳜鱼,觉得很好吃。饭店的鱼太小,所以她在超市买了条最大的,让我们放开肚皮吃。吃了,真不好吃,又干又柴,感觉在嚼锯木屑。鳜鱼大了,清蒸肉实在老了点,总监太太不熟悉江南饮食,记得放葱,忘了放姜,记得放盐,忘了放酱油,且那条鱼大得偏离了我对于清蒸鳜鱼的审美。

一晃十几年。总监后来也离任,全家离开芜湖。晚上回家整理鳜鱼,和先生说起这段当年故事,想着过年打个电话问候一声,可是记下的老号码已经打不通,这个人、这家人就这样从我们的生活中消失了,或者说,我们从他们的生活中消失了。

我们的一生,就走在这样遇到、分离,甚至消失的路上,曾经以为无限开阔的人世,无限拥挤的心,渐渐空荡。倏忽之间,此生只剩下几个不离不弃不舍的亲人。

年年有余。在被生活蛊惑怂恿剥夺之后,我们心里清楚,这个愿望很卑微,也很奢侈。

# 下午茶

下午匆忙赶到办公室。气息没有喘匀。倒了上午的剩茶，洗了杯子，泡了杯好茶。然后才坐定。

我所谓的好茶，其实就是感觉而已，说不出道理。而所谓的感觉，你知道，跟茶叶有关系，跟水有关系，其实跟心情更有关系。是杯绿茶，茶叶很好，全是叶尖。开水房的开水也很配合，冲下去，茶叶们袅袅婷婷地浮动、下坠，然后停泊在杯底，淡淡的一层，仿若随水漾动。下午茶，若是上午，我这样牛饮的人，一准要泡半杯茶叶。

浓有浓的深情，淡有淡的远意。其实都是好滋味。

茶杯是只有着螺旋纹的锥形杯子，淡蓝色，好像是有一次买牛奶的时候送的。先是用来插笔，像个笔筒，可以插一大把笔。我在办公室的茶杯用的是雀巢咖啡杯子，最大的那种，拿在手里像个小水瓶。我承认我是牛饮。泡一次茶，需要很多茶叶，很多水。基本上我早上往开水房一站，其他冲开水的同事只好搁下水瓶先回去办公了。我喜欢热热地喝上一大口，再喝一大口。每天早上，我要是不能热乎乎地喝上一大杯绿茶，就好像气没有顺过来一样，也说不出什么，就是不舒服。

不过杯子的确是太大了，然后就改用这只牛奶杯，用的时间不长。同事不说我拿水瓶喝水了，现在说我拿花瓶喝水。这话说得眼光挺独到，还真的像一只花瓶。

春天的时候到泾县去买茶叶。是个雨天，杏花春雨的江南，绿肥红尚浅。是我喜欢的时候，太浓艳的春深，撇不掉有一种黏腻。到处是"新茶已到"的牌子，坐下来喝一杯，虽然用的是一次性纸杯，但是

茶意依旧,春意依旧。店外面是人声车声,一杯新茶的清香里,仿佛人闲桂花落夜静春山空的清薄。

　　都说喝茶要在安静的地方,读书要在安静的地方,哪有那么多安静的地方? 这么喧嚣的红尘,这么忙碌的人世。那就不拘哪里,且喝一杯安静的茶,读一本安静的书,在闹中取一时心静。

　　可以做到的。古人说,心静自然凉。我高中时候,一位年轻老师问,什么是寂寞。一位比较成熟的男同学回答,寂寞就是即使在很多人中间,你仍然感到孤独。高中毕业很多年了,二十年了吧,我一直记得这句话。前几天同学会,遇到这位同学,人到中年,我们都不寂寞了。是不敢寂寞,也是不能奢谈寂寞。寂寞总有点矫情,年轻时候比较不突兀，比较适宜。红花配绿叶，青春配寂寞。配得动。

那天同学会在一家饭店里，提供的茶很大众，倒是茶杯有点意思。很老式的青花盖杯。我的右手美女是我们这一群里学历最高的，博士毕业了。她一直以为茶杯是我自己带来的，芜湖人出门喜欢手里拎个茶杯。她现在广州做医生，我们不相见有二十年了。

好了，我的茶可以喝了。在淡蓝色的杯子里，茶汤的颜色不是那么赏心悦目。可是好赖喝到嘴巴里自然就知道。我还是愿意相信我的感觉，而不是表象。何况，我们早就过了相信表象依赖表象的时候。

一口，两口，之后，茶香洇染开来，在齿颊间流动，仿佛淡绿色的轻雾缭绕，从口腔到心底。热乎乎的茶，让我心里温暖，而青幽幽的茶，让我的心盈满绿意。

仿佛留住了整个春天。

# 辣妹子辣

俗话说四川人不怕辣，江西人辣不怕，湖南人怕不辣。在长沙，貌似什么东西都要放辣椒，在长沙开会，眼见着一桌子天南海北各媒体的老师们被辣得龇牙咧嘴，牢骚不断。集体活动，大家都不是冲着吃的来的，但是如果伙食没有安排好，往往是最大的败笔，不是说要多么高档多么五花八门，一定要既有点地方特色，也要照顾到大家的口味。负责伙食的小姐陪着笑脸一再说：已经跟厨房说了呀，少放辣啊。这样的对话持续到会议结束。据说大厨抢着锅铲要出来理论，他说他就没有烧过这么寡淡的菜。

辣，ing中。鉴于芜湖被川菜收服久矣，芜湖的女人个个是麻辣烫高手、火锅店大佬，我倒没有一辣三尺高。我的看法是：一方水土一方食俗，要是都抱着自己的饮食习惯，那简直出不了门。但是等等，漂亮话不能说早了，长沙人的辣椒也太放得五花八门。比如就是清炒冬瓜，红扑扑地混淆了常识，大家面面相觑，尤其是来自祖国边疆如乌鲁木齐和呼和浩特的几个人，早就被辣得大汗淋漓眼泪汪汪，轻易不敢下筷子。

调子定得太高，我只好身先士卒尝了尝，是冬瓜，准确地说，是加了类似我们这里水辣椒烧的冬瓜。鉴定完毕，乌鲁木齐呼和浩特的姐们哥们哀叹一声，绝望地问：那咱吃啥？有个美女不声不响抢出半只饼子。不要以为我写稿子喜欢注水，说话就爱夸张。这半只，如果真的是半只的话，直径三十公分开外，掏出来跟张飞大哥抡起车轮子一样。不是发酵饼，是馕一类的死面饼。三个还是四个来自乌鲁木齐的姑娘一人揪一块，吭哧吭哧大嚼。对面两个来自呼和浩特的爷们干瞪

眼，他们没有做准备。幸好服务员端来一盘白馒头，一爷们立刻伸出手，半道上又缩回去了，回头问身边的爷们：会不会是辣的？

刚才上来一罐排骨海带汤，该爷们伸勺子就舀，舀了就喝，喝了就叫，排骨海带汤也是辣的。事实证明，里面潜伏了很多青色的细长的辣椒，就是我们这里饭店经常在泡菜里面可以看到的青椒。

湖南人无辣不欢。真是怕不辣？同桌的两个四川妹子非常淡定地摇摇头，这辣有什么意思？川妹子要又麻又辣。都说刺激性的食物会伤嗓子，可是声音最亮丽不是湘妹子就是川妹子；都说刺激性食物会伤皮肤,可是皮肤最好的不是川妹子就是湘妹子。

平心而论,湖南的辣还真不是最辣,至少我见识的长沙饭馆里那几顿和我见识里的最辣还是有距离的。我觉得最辣的是海南的黄金椒,有一年在海南陵水方村的菜市场里见到,现场制作,就跟我们这里做辣椒片一样,剁碎了加盐,放到瓶子里密封。辣到心里去了。前年春节在海南,特意找着这个辣椒买,买是买到了,价格跟海南的房地产一样翻着跟头涨上去。不过带回家,辣倒了几个怕不辣辣不怕不怕辣的主,还是很满足虚荣心的。

江湖再大,没有我的份了;辣椒再辣,我已经不能吃了。海南的黄金椒长沙的剁椒,芜湖街头麻辣烫里翻滚的红油,我的胃对它们有着生理性的排斥。想当年我虽然也不是辣妹子辣,可是黄池的辣酱还是不在话下的,老妈的水磨辣椒还是小菜一碟的。想当年还写过《辣椒在尖叫》,结尾很辣:辣,这田园中高亢的野性之美,犹如内心无比高傲的男子,我只想把他搂在怀里。我非常喜欢这一句,它证明我曾年轻过,可以吃很辣的食物说很陡的话做很不计后果的事,现在,太辣伤身,太高傲的男人伤神,中年女同志伤不起。

# 大碗喝酒

男人最讨厌女人大碗喝酒，喝醉了他们讨厌，喝不醉，尤其是放倒了全体男士她还岿然不动的，更讨厌。他们说，喝酒，尤其是大碗喝酒压根就不是正经娘们该干的事。

我倒是有过大碗喝酒的豪迈。不是装样子，是真喝，一下子倒进去三四两，当然那时候还年轻，当然不是说现在有多老，虽然我以为自己还不太老，可是，大学实习生叫我阿姨啦。阿姨就该有阿姨的样子，怎么好意思再做大碗喝酒这样全没分寸的事情。

可是当年就是大碗喝酒，我想我也没有胆子做什么不顾分寸的事情。都说兔子急了咬人，再急眼的兔子也咬不死人是不是？倒是我的一位中学同学借酒好好地抒了回情，她喜欢另一个男生，而这个男生和另外一个女生青梅竹马多年。于是在一个聚餐的场合，我清醒地看着并听到那个女生在闷声喝了几杯白酒后，径直对那个男生说，我很喜欢你。其实年轻女孩子喝点酒真是很好看，尤其是那柔若无骨的身姿，艳若桃李眼波流转，想不动心都难。何况那个女生是我们班七仙女之老七，最漂亮的一个。只是我们那时才二十上下，思想僵化行为保守，先把自己吓得够呛，莫名其妙地集体害怕，全场噤声，个个像呆鸟，加上又没有什么社会经验，哪里知道周旋打圆场，只任凭事态发展。

很遗憾接下来没有预想中的酒场成战场，一片混战，这是很多酒场的结局。他的青梅竹马的女朋友，顺便说一句，没有那个女生好看，抓过一瓶酒就喝，那个漂亮女生也继续喝，那个走桃花运的男生两眼发直呆坐在那里，突然抓过一只酒瓶猛灌一气，而且一直灌下去，灌到我们反应过来夺下酒瓶。现在我才知道这样的灌法叫吹喇叭。据说不久该男生就和女朋友分手和那个女生恋爱了，但是若干年后，结婚的还是原来那一对。

　　后来说到此事，有人说你知道七仙女的酒量有多少，那人说，就没见她醉，她喝酒如喝水，唯一反应是浑身发痒。这也够受的了。

　　后来已经金盆洗手不问人间酒的时候，和一个乡镇的女镇长一起吃饭。都知道大多数基层女干部海量，但是我还是看着心惊。于是偷偷地给她换了矿泉水。女镇长嫣然一笑，用矿泉水漱漱口，继续一手持杯，大杯，一手挥舞，白酒对阵。喝到最后，除了我这样一开始就缴

械的几个，个个东倒西歪，目光涣散。送我们出门的就剩那位女镇长，大步流星，若无其事。走出去好久，一位女同事叹道，真是好酒量。另一位同事，男同事哼了一声，这样的女人她男人怎么吃得消。

喝酒误事，这是古训，酒能乱性，也不是新论。酒可壮胆，临行喝妈一碗酒，浑身是胆雄赳赳。这是男人喝酒，女人喝酒至少也可以借酒遮脸吧。

我最喜欢《红楼梦》中的尤三姐，清水下杂面，你吃我来看。喝了酒面带桃花，嬉笑怒骂，不过这样的女人男人肯定是望而却步，柳湘莲就打了退堂鼓。好一个尤三姐，我愿你不愿，好，一剑下去，血溅桃花，让你后悔去吧，我不玩了。

我不是尤三姐，不是不想做是做不了，估计遇到我一厢情愿的柳湘莲至多是暗送几把秋天的菠菜，常常的下场是他看着或者没看见也许是装没看见让那捆菠菜自生自灭。给我灌景阳冈上的三碗不过冈我也不会说，烂那里得了，总比烂在心里好过。所以从同学那里得来的经验看来是用不上了。我是真想用一用的，时光易逝人易老，人生难得啊。

当上山已成笑谈，落草已是梦想，大碗喝酒真是年少疯狂。为了我开始提前打病退的心脏，我告别了白酒、啤酒、葡萄酒，甚至酒心巧克力。上个星期和某男相约咖啡厅，连咖啡也不敢碰，要了杯碧螺春聊作安慰。那家咖啡厅很大方，放了大半杯的茶叶，害我睁了半宿的眼睛，把大碗喝酒的时光想了又想，倍感心伤。

# 菜市场

我写过我喜欢菜市场,喜欢那里热辣辣的生活气息。不是灶台前的煮妇,偶尔客串一下,煮熟为最高境界,这种喜欢,是站着说话腰不疼。真把菜篮子挎胳膊上,考虑的不是一餐两餐一天两天的伙食,进菜市场的感觉是不一样的。

进九要补,家庭煮妇思谋好了,一进菜市场就奔羊肉摊。摊主是个四五十岁汉子,正挥舞着砍刀在斫羊排,几个上了年纪的奶奶站在那里不说买也不说不买。老板问我要好的还是差的?还没答话,边上一位奶奶不乐意了:吃当然要买好的。我说我要炖的。老板拎过一条羊腿,说这是山羊腿,刚刚斫的是羔羊,那个是绵羊,炖山羊腿是最好的。一位奶奶伸出手指摁摁跟前的羔羊肉,说:这个谁知道,就听你讲。同感。老板放下砍刀,说我不撒谎,我今年四十六岁……话未说完,立刻被几个奶奶异口同声打断:哎呀不要讲了不要讲了,腊月皇天到了别赌咒,大冬天杵这里卖羊肉,你不为赚钱抽疯啊。老板说,钱是要挣的,也不能今天挣了把明天的路给断了。老板一边说一边就要拿刀分解那只羊腿。我赶紧阻止,我没有烧过羊肉,不要很多。一上秤,三斤。多了。多了?多了,两斤不得了了。老板为难地左右看看,又摸出一只,一上秤,两斤。老板一边大刀阔斧一边说:大姐,这个羊腿子好得很,你看,他一边砍一边捡起一块给我看。我赶紧说老板专心一点,你好好砍你的腿。老板停住手,认真地说:我今年四十六,不属羊。一个奶奶说:我买羊肉都是自己回家斩。看看她一脸褶子一双青筋暴突的手,我想我哪有您老人家厉害。所有在菜市场里不慌不忙精挑细选的奶奶们和经验老到眼神雪亮的菜贩们每天都会上演PK大戏,

---

其中的重重机关交火的炉火纯青程度根本不是我这样跑龙套的人能够知晓的。

拎着斫好的羊腿子，转悠过了几个摊点，忽然想起，为什么我说要两斤这只羊腿就是两斤？难道他是北京百货大楼的一把抓张秉贵？

羊肉有膻味，必不可少得加佐料。卖佐料的多是上年纪的人，能耐心挣这细流水的钱。老大爷问我要什么，眼前是花椒、桂皮、香叶、八角、干辣椒、生姜、蒜头。香叶五块钱一两，这晒干的薄薄的叶子一两有多少？我抓了一点，老大爷说不够称，再抓，还是不够，再抓，八角、花椒、干辣椒都是如此。老大爷好性子，笑眯眯看着我东抓一点西抓一点，鸡啄米一样最后总算归置齐全了。还得买北方大葱，在我想来山东汉子卷饼子的就是这样的大葱，还有烤鸭三吃，其中一吃薄饼卷鸭皮,小碟子里的就是这样的大葱。不过山东大汉是大江东去的吃法,大葱掰断了夹面饼里连撕带扯那叫一个香;烤鸭三吃是把葱白切细丝,杨柳岸晓风残月的吃法。大葱不知道什么时候流窜到江南的,自从这山东大汉来了,咱们的小葱真就是小家碧玉了。我捡了根不太粗的,老板是中年男子,一口无为腔,张口跟我说三块。一根大葱值三块?头回买大葱,菜群中,从未多看它一眼。我掏了五块钱给老板,老板问我多少钱,问得我眼睛发直,看我反应不过来,老板将大葱搁秤台上,说:八毛。敢情他说的是三块一斤。

锅碗瓢盆青菜萝卜,日子就是这样流淌的。菜市场是个闹哄哄的地方,虽然俗了点,却是返璞归真。风花雪月的文字,最后还是得落在饮食男女的生活上。我喜欢菜市场。

# 亲密爱人

很久以来，我不知道我有个胃。准确地说，是我不知道我的胃在哪儿，会哭的孩子有奶吃，当我的胃一声不吭恪尽职守，而且能够自我化解一切难题的时候，我怎么会知道我的胃在哪儿呢？有必要知道吗？

所以我毫无顾忌地吃下一切硬的、冷的、辣的、生的东西，我相信我的胃能够磨软它捂热它煮熟它，不会有问题。直到有一天，去年，参加报社的"下基层采民风悟真情"活动，头一天晚上我的胃开始疼。其实我不知道是我的胃疼，但是它固执地一路疼下去，直到我明白这个地方是胃。那是到现在我依然记忆犹新的漫长的一夜，我开始跟着疼痛的感觉一路回忆我的胃所跋涉过的泥泞，才明白这几十年它跟着我，像结发夫妻一样吃了多少苦。

早晨脸色灰白地坐在车上，然后脸色灰白地到繁昌，年轻的记者们一路有说有笑，我也曾经是这样又年轻又健康，衰老的感觉像潮水般席卷而来。真实地意识到自己开始衰老，心理上是女儿越来越高，生理上是我的胃终于不给力。

我记得我写过，年轻的时候，我有一个刀子一样的胃，可以消化这个城市给予我的一切生冷坚硬，还有我给予我的胃的软暴力。穷人家的孩子，自小就是粗粗拉拉长大，冬天将屋檐下的冰凌子嚼得嘎吱嘎吱响，吃硬得扔出去能砸死狗的锅巴，不是现在超市里又薄又脆又黄的锅巴，是大锅里又厚又皮的锅巴，咬得牙帮骨和太阳穴都疼。二十来岁的时候，有一段时间总是吃方便面，弯弯曲曲的卷毛一样的方便面，以至于后来，看到弯弯曲曲的电话线我都会陡然回味到方便面的

气息，非常有覆盖力侵蚀力的方便面的气息。

　　本来就不是个精致于生活种种的人，吃饭，只是为了不饿，而吃什么，吃得营养，吃得健康，乃至吃得愉悦，这些都是仓促岁月里从未顾及的。我们这一代，我们之前的人都是这样对待自己，如果说善待，我们首先不会善待自己，直到有一天不被善待的身体开始出现故障，亮起红灯响起警报零件损坏可能报废等等一一上演，我们才会想起，最需要善待的其实是自己。

不知道是不是来得及。

我的胃开始像个跟脚的孩子，越来越频繁地通过痛觉提醒我它的存在，它脆弱的敏感的存在。它要把它之前承受的怠慢冷淡一一返还给我，这才公平。我不该抱怨，刀子用狠了，又不保养，钝了锈了崩口了。酒桌上，有个朋友以前经常说宁伤胃不伤感情，现在他说宁伤感情不伤胃。他的胃不再挺他的感情，感情看起来很重要说起来又很玄，而胃，实实在在在那里，只有一个。

香港作家欧阳应霁写过一本书叫《快煮慢食》，用十八分钟进入厨房快手快脚做一样东西，然后慢慢地享受这一劳动成果。国际知名记者Carl Honore写过一本书《慢活》，享受生活，以正确的速度生活。当然也包括以正确的态度生活。

可是什么是正确的态度呢？当我们决定选择自己认可的正确态度去生活，其实也是背离了大众的生活。而我们能不能有足够的勇气与自信选择小众的道路去走？这不是胃的问题，是人生观与方法论的问题。

也许唯一能够做的，难度不太大的是，时刻记得自己有一个越来越残的身体，分一点关心给它。记得时不时地招呼一声：胃，你好吗？活到最后，也许只有你的身体才是你最亲密的爱人。

# 谁谓荼苦

　　窗外的午夜被渲染成一张无边的网，灯光在墙上地下泊着苍白疲倦的神色，心情便有些层层叠叠的寂寞。泡了一杯茶，看着茶叶轻轻慢慢地坠下，断断续续的思路隐现出来。

　　平林漠漠烟如织，江南佳丽地，茶林里穿梭着二八女孩儿。"采茶女儿指爪长"，衣裙青青，十指尖尖，摘取着初春的清香和萌芽的鲜活。好不容易满了一篓，经过炒晒，所余仅一捧而已，膨胀的希望最终被压缩成一点可怜的现实。这是那些悲天悯人的诗家词客心眼里的采茶情景。民间小调唱的又是一种氛围，像《采茶舞曲》跳跃得缤纷灿烂，流泻得清朗绵丽，被吴越乡音演绎得如桃源仙境的升平景象。

　　泡茶，则是一种沉静的过程，浮在水面的茶叶缓缓地舒展开皱巴巴的身体，逐渐柔软湿润，在水中浮浮沉沉，让人想起《丝路花雨》中英娘宽大飘游的衣裾，《霓裳羽衣》里舞者如梦的飘带……大幕终于落下，所有的轻歌曼舞都成昨日繁华，茶叶沉淀在杯底，安静得有些虚空。就像我们年轻的心，孩提时叶芽般新鲜，在岁月的风沙中炙烤得多皱且干枯，浓绿的生机褪尽成褐黄的苦涩，只是偶然间才在涌起的往事里泛出最初的容颜。某天黄昏，带着一颗很旧的心，走一条爬满青苔的巷，对面有人无声息掠过。突然心动，认出那人是多年前曾倾心过的高年级的男生。骤然间心情就如浸在水中的茶叶，柔软温情，很感伤。

　　我记得母亲爱买一种茉莉花茶，取其价格适中，待客也不失体面。因为父亲的不以为然母亲只好冷淡这个经济合理的计划。父亲喜欢摆弄花草，尤其喜爱茉莉，一有花开，他就把花盆搬到室内，幽香缭绕。

白的花朵和绿的叶子小巧且亮泽滋润，如同青春期少女光滑富有弹性的肌肤。遗憾的是泡茶用的茉莉花散在茶叶中，一小团揉皱的纸似的，消瘦干枯，即使在水中充盈起来，也是不堪相向的憔悴。

茶不仅仅是品的，有时它更是一幅动态流韵的佳作。有一种菊花茶我很喜欢，却不忍心喝它，想着"菊残犹有傲霜枝"、"蕊寒香冷蝶难来"的诗句，便有许多的惋惜。清爽透明的玻璃杯内，菊花像被爱情充盈的女子温柔地潮湿着。长长的花瓣千丝万缕地游动浮沉，是芭蕾舞伶苍白瘦削却又修长灵巧的手臂吗？氤氲中，一大朵菊花丰满恣肆地开在杯底。盛开的菊花有股药香，因为时间久了，此时又溢出一些淡淡的醇味在暖暖的芬芳中飘浮，那感觉犹如隔着水帘看一位很成熟而

略带慵恹的妇人。菊花没有香消玉殒,它以这种惊世的艳丽复活了灿烂的笑靥和冷傲的灵魂。我没有勇气啜品它。

谁谓荼苦,其甘如荠。大概人生就是这样,经历着沸水一次次煎熬,在如茶叶般起伏挣扎中流失了早先所有的鲜活,所有的生机,所有的希冀,所有的苦涩……剩下的,是茶叶似的足够的轻松,足够的平淡,足够的冷静和那种曾经沧海的、足够超然的无欲心境。

# 一起吃饭的人

现代人的寂寞，在于，你的手机上名单满满，但是，没有一个和你一起吃饭的人。

不是说那种一对一的，和同性说说心事的闺蜜。这个年纪，攒了一肚子心事急于倾诉也是件奢侈的事儿，多半是在心里翻江倒海脸上不动声色，然后生的熟的半生不熟的囫囵吞下，泡都不冒一个。有什么好冒的？也不是异性，和异性一起单独吃饭，如果不是有事，除非是有心，否则千万不要惹事，因为会生非。喝杯酒说个话的最后，那就是得拉个手儿，这个年纪，拉个手儿你说能够到此为止？后面那一花花，想起来头发根根都竖成钢丝。

现在看人家烫个钢丝头都嫌戳得慌，省省吧。

没有那么心事重重或者谍影重重，其实我说的是，约个饭局，在一个平面上或者不是一个平面却是有点子交集的，你这头不是单刀赴会，拿起电话，找两个愿意和你一起去赴饭局的人，有交情，有好感，但是都不是很深，也就是一起去吃个饭，吃完了算的那种。你不能逮谁喊谁，有的人见都懒得见，你又不能谁都不喊，对方以为你交游广阔人脉深厚，你总不能让对方觉得他的智商比他以为的低，你的能力比你以为的弱。反正，你懂的，安全的，对的，人，你有没有？

我觉得我好像没有。我把手机翻来翻去，念头在心里滚来滚去。张三没有把握，李四不能肯定，王五心里没底，一句话：担心被拒绝，我这样心脏功能脆弱的人，虽然知道拒绝有时候只是拒绝，没有太多潜台词，但是仍然固执地认定拒绝不仅仅是拒绝，不管给出的理由是什么，也不能更改拒绝本身的冷和硬。小人物会在心里翻来覆去自责自

己的不自量力自作多情蛤蟆跳到秤盘上自称自。你说吧，就是顿饭局，你本心压根不想去，跟先生报备，他一脸便秘，他也有事儿。这个世界奇怪就奇怪在虽然娃娃是两个人的娃娃，但是安排娃娃往往是娃娃妈妈的分内事，总是娃娃爹的饭局更重要态度更强硬。牢骚就不发了，中年女人发起牢骚容易井喷，太可怕。总而言之，当娃娃的娘顾此失彼狼狈不堪地安排好了，然后就纠结在谁和你一起去吃这个饭。想想真是憋屈，何苦呢你说。

我的朋友夭夭前几年总是犯幺蛾子，动不动就说辞职不上班。我的看法是，女人，你得有自己的职业，你得有自己的爱好，即使你挣的银子全部被你贡献给服装箱包业了，家里压根就不指望你的薪水买米买面。还有一点，一个女人，你得有几个能够和你一起吃饭的人。不是指老公和孩子，当然老公和孩子和你是你饭桌上的金三角铁三角。但是我们还是得有个朋友圈子，有认识的人，有一定信任度的人，他们构成了你的世界的外沿，没有这个外沿，你的生活是狭窄局促的，容易窒息。

言归正传，那顿饭我也吃了，虽然饭局比较沉闷，人比较沉默，大家说来说去都是客气话，就跟油一样漂浮在水面，进不去耳朵，更不要说内心了。我想，人的内心大概就是这样渐渐被封闭起来的吧？不管表面上多热闹多贴心多亲热。可是这又有什么不好呢？年纪越大，心灵的负荷越沉，谁愿意再给自己加担子？

见面开口笑，过后不思量。这是一种能力，也是一种境界。

# 一杯世味如秋在水

茶，打出这个字，心头浮现隐约笑容。无论这一刻是清明的晨曦，沉静的夜晚，或者此刻，明朗的中午，五月的中午，艾略特诗中热烈赞颂的五月，一杯新茶诗歌一样绽放在面前。

记得去年五月，静夜风凉，我在太平街头闲逛。黄山隐隐一抹深黛，与夜幕契合，相交而无言。路边林立茶庄，茶庄里琳琅铺陈着茶叶。在各种玻璃柜里，各种精致的包装盒里，甚至在高齐人身的塑料袋里。那么高那么肥的塑料袋，像记忆里乡下囤积稻子。茶叶也是庄稼，对于茶农来说。老板是个肥胖的中年男人，置身嶙峋茶叶里丰腴如红烧肉，他在喝酒，酒香是侵略性的，三拳两脚就将茶香打得落花流水。

他的大塑料袋里囤积的是猴魁。你知道，太平新明这个地方出产的猴魁是很有名的。猴魁叶片宽大，却不臃肿，是我喜欢的单薄清简。男人夹了一块臭鳜鱼，见我们掩鼻，更来劲了，立马指点给我们看还有一碟臭腐乳。我们在徽州特有的带霉味的臭里撮了几根猴魁冲泡，真是觉得唐突了佳人。佳人得了水的滋润，把自己舒展舒服了，浮沉曼舞。汁微碧，也许是微黄，苍黄的灯光下，不真切，植物的清香突破酒香菜臭冲出来，有点不屈不挠的骁勇任豪，也是自信的，沉得住气。

走出茶庄，夕月一弯，淡若清梦。握着这样一杯好茶，有种春宵一刻的珍重。

酒适合激越，茶适合低回。独对千金怀一刻，我不想激越不愿低回，只是领受一份世味，如秋在水。

我喜欢猴魁，喜欢毛峰，喜欢君山银针，绿茶几乎没有不喜欢的，

除了六安瓜片，嫌它行迹略略粗鲁了一点，喝得最多却也是它。前几日我们在小小泾县兜兜转转，找一家小茶庄，是一位在陈村水库工作的朋友帮我们联系的。每一年，我们都委托他订茶叶。茶庄里茶叶的香气积聚在一起，醂得醉人。店主浓缩得跟枚积年陈茶叶一样，多年前，一位泾县的朋友送过我涌溪火青，一粒粒蜷缩得跟老鼠屎一样，泡开了叶子很大，这会正好卖弄一下。店主硬是要我将茶杯里的茶叶倒掉，换上他的火青。五月的江南是燠热的，尖着嘴巴喝，没有喝出什么感觉，看来我早忘了记忆的味道。茶喝淡了，人，过忘了。

越老才越怀旧。但是我不记得自己有年轻的时候，也许是不愿记得。我的第一篇正式的文学稿件名字就是《茶意》，就发在《芜湖日报》，就是现在我负责编辑的版面。当年编我稿子的老师，现在是我的同事。记忆流淌出无尽的深情，是一杯绿茶，在我的岁月里清迈甘美。

因为这样的茶,我们的一生才会有那么多的可堪眷恋与回味。人生,是不断往前走的,不走,自然有力量推着你走;人,却是不断往后看的。越走越远,越看越淡,曾经与谁共饮,曾经与谁共醉,到了最后,都不重要。怎么说呢,一辈子,浪里淘金似的,淘掉那些沙石瓦砾,最后能够有一两点金沙金粉,也算不辜负。

鬓丝几缕茶烟里斑白了,宝鼎茶闲寒窗幽梦。梦里不知身是客,记忆,这杯渐渐冷却的茶,喝下去,喝下去,也许有眼泪渗出。

其实,我没有那么多心事,烟波雾影山寒水瘦,我只是想喝一杯清茶,将这半生的糊涂一一咽下。然后泼尽残茗,让泪水化为笑容,让死去的花朵重新开放,让枯萎的绿色再度葱茏,让我们的青春、爱情以及梦想,在凋零后重返枝头,萌芽、开花、结果。像茶,它们开放在土上,开放在水里,再死一次,再生一次。在黑夜里奔跑,在阒寂中等待,在沸腾中煎熬,总会有落定的时候,总会有天亮的时候,最重要的是,你要自己跑进黎明,你要喝,自己的这一杯茶。

灯红,茶绿,言简,情沉,心实系之。此一生,心实系之。

# 茶绿

茶绿是种什么绿？我不知道。因为茶的绿有各种，比如新茶的绿和陈茶的绿是不一样的；比如霍山黄芽的绿和西湖龙井的绿是不一样的；比如第一泡的绿和第二泡的绿是不一样的。不同的时间与不同的品质，决定了不同的颜色。就是一个品种一棵树上的叶子，因为位置不同日晒光照的差异，呈现出来的颜色也会不一样。

我愿意理解的茶绿，是新茶的绿。从茶树上采摘下来，烘烤炒制，拈几根放在掌心，浓浓的绿，泛出浅浅的黑，经了风雨了，有了老成气了，但是还是有点子火气，小孩屁股三把火。还是要历练，还是要修炼。不要放在烈日下暴晒，也不能水里火里的，而是放到一边，让它自己修为。渐渐的，火气冷下来，绿意沉下去，茶意浮出来。可还是绿的，我说的这样的茶叶一定要是绿的，浓绿成了深绿。心里揣着朝雾夕晖，采茶女子指尖上的温度，炒茶汉子粗粝的掌纹，还有荡漾在杯底一抹飞霜的鬓影，一抹嫣媚的酡红。

洁尘写过一篇文章《茶绿色的中山美惠》，写《东京日和》的女主角中山美惠。女孩子穿着日式的碎花裙，茶绿色的外套，在薄薄的夕阳或者春晖之下，小鹿般敏感清澈的眼睛，光是这样想一想，已经是非常美好了。沉静，略带忧伤，青春期的忧伤，爱情的忧伤，也许就是一种与生俱来的敏感的忧伤。

茶绿色里有一种忧伤，就如同茶里有一种苦。可是这苦不是苦大仇深，也不是苦不堪言，就是植物清淡平和的气息包裹在一层淡淡的戒备里。年轻女子的忧伤，也是这样，对未来的期望包裹在不可知的迷蒙里。生活和情感，还没有来得及将她推向深渊。但是她一定预感到了未来生活中的歧途，她无法拒绝回避的伤害。就像茶叶，无法拒绝回避烤炙一样，那是宿命的安排，也是成长的必由之路，只有踏过，才能成熟，才能永生。

　　一杯茶的美好，也是一段人生岁月依依不舍的美好。茶绿色的中山美惠结婚产子，今年复出。复出后拍的片子是改编自她丈夫辻仁成的同名小说《再见，总有一天》。小说发表于十年前，当时制作方就敲定了中山美惠出演，谁知道接踵而来的结婚息影让片子搁浅。十年之后再拍，韩国导演李宰韩还是敲定中山美惠，他认为"她拥有着自由的灵魂，她是永远不老的少女"。

距离十一年前的《东京日和》，这个女子依然是沉静的茶绿色，即使她的脸上有风雨剥蚀的痕迹，即使她的心里有风雨剥蚀的痕迹，断碣模糊，可堪问年。可是那抹绿没有更深没有更浅，没有褪色。我想我们每个人都无法阻止岁月无法拒绝苍老，脸上会爬满皱纹，心头会累叠伤痛。可是岁月人生的层层包浆下，保持内心世界的高华清旷，保持灵魂深处的谦逊从容，这个，应当有，一定要有。

最近被消费得很厉害的导演王全安说过一句话：失去什么都不能失去平静。还应当加一句，得到什么都不能失去平静。就像刚刚夺得法网冠军的李娜，甚至都不肯带一把幸运的红土回去，她说：结束了就结束了，好好享受今天，明天又是一个新的开始。因为有这样的平静心态，所以才有更好的未来可以期待。

茶的意思，在绿里，在其甘如荠里，在老去情怀的青葱岁月里。人生的意思，在风雨里，在经历里，在岁月风雨也不改的沉静里。静而后能安，安而后能虑，虑而后能得。静观，静谛，静思，知味，识人，明理。以一静制万动，茶绿色的静。

# 豆沙红

豆沙的红有一种喑哑的肥腻，我宁愿选择豆沙紫或者干脆豆沙黑。我喜欢豆沙黑要多于豆沙紫，喜欢豆沙紫要多于豆沙红。对于鲜艳的颜色，有种本能的退避心理，是自知把握不了，也是自知没有足够的底子来衬它。

早晨，拿了件蓝黑色T恤给闺女穿，她穿衣洗脸刷牙都是气呼呼的。昨天早上也是这样，末了换了件粉红色的才罢休。小闺女正是穿红着绿的年龄，给她穿深色，是为了清洗方便，你不知道一件粉粉的小T恤要花掉我多少搓洗的时间。我是想忍一忍的，但是闺女忽然拿了刷牙缸挤牙膏，我就奇了怪了，你这一脸湿淋淋的不是说洗过脸了吗？她挑衅地看了我一眼，先洗脸后刷牙不可以吗？

还是拿了件浅色T恤给她换了，不想她一天不高兴，她不高兴我估计我是最大的受害者。

跟豆沙红好像没有什么关系。其实有，如果是我的小闺女，一定会选择豆沙红，在能够选择的颜色里，寻找最鲜艳的。在兰蔻里，有豆沙红的口红，有豆沙红的腮红等等，这是款比较丰厚成熟的颜色，很适合欧美那样立体感强烈的美女。中国美女一般是细眉细眼比较平面的，可能托不起这么厚重的色泽，当然印度美女除外，丰腴肥厚的印度美女。

豆沙红是古董里面比较常见的一种颜色，经过了时间与风尘的洗礼，豆沙红呈现出深沉丰富又内敛的气质。我想象是上好的重磅真丝或巧克力，绵密里透着股子滋润。

豆沙是用红豆制作的。好像车前子还是谁写过。将红豆，一定得是那种颗粒饱满油光锃亮的红豆吧，洗净捣烂，然后沥干净，我说的沥干净其实就是将捣不成烂糊样的红豆皮去掉，然后放到锅里炒，要加很多猪油的。红豆再好，不加猪油不够细腻浓郁，这样一写觉得不是车前子说的，是哪个遗老遗少的饮食笔记里透露的，以前那些有钱人家都是自己做豆沙，够干净，也够好，舍得下东西啊。红豆是红的，尤其是洗过之后，表皮亮晶晶的紫红。但是炒制好的豆沙是暗沉的紫，有点更多的是接近褐。这样捣腾出来的豆沙做馅，元宵馅、包子馅、马蹄糕馅，连朝鲜打糕也不例外，传统小吃里面只要是有馅的食物，豆沙都可以凑份子。入口绵密细腻，也不是强烈的刺激，不辣不酸不苦，甜是甜，还远远没有甜到发齁，比较中庸温和不坏味道，就跟人一样，不是激烈的人，好处，年纪越大你越会发现，越是温和的人越令人愉快，那些棱角鲜明动辄跟你摩擦得火星直冒的人，你得有足够的包容能力，否则就要真刀真枪，这个需要精力，年纪一大，还是喜欢平和一点，平和的人平和的食物。

我记得以前单身的时候，要过小年吧，自己不知怎么的忽然有所触动，到超市里买了一袋两斤还是几斤装的元宵粉，一袋500克的豆沙，自己搓元宵。淋漓了一桌子元宵粉也不过是三五个元宵。人有时候真是莫名，要想吃买袋速冻元宵得了，费时费力费钱，最重要的是浪费材料。对于农耕文明一路洒下的点点滴滴烙印，我总要隔靴搔痒地矫情一下。也就到我们这一代吧，我小闺女一年到头吃不吃元宵都无所谓。也是，超市冷冻柜里，一年到头的元宵，根本没有时令一说。现代人混淆了时间。

红豆生南国，愿君多采撷。当然此豆非彼豆，我只是忽然想起一段豆沙红的往事。孙多慈是徐悲鸿的学生，她爱上了徐悲鸿，送给老师南国红豆。后来劳燕分飞，直到在台北，看画展，蒋碧薇遇到孙多慈，当年为了一个男人而反目的两个女人本来是相顾无言，但是蒋碧薇说她忍不住，她忍不住告诉孙多慈徐悲鸿的死讯。她看到，这个女人立刻泪流满面。那是要多么炽热的爱，才会让这个已经婚嫁已经被时间与生活碾压过的女人情不自禁。斑斑血迹风干了，还深藏着一抹殷殷剧痛。

当年，孙多慈送徐悲鸿的那把红豆呢？遗失在时间的哪一段旷野中？有人选择遗忘，有人选择铭记，有人选择随风而逝。谁说此物最相思？相思浑似梦。

不过我还是很喜欢豆沙色的，无论是豆沙红还是豆沙紫。围着豆沙红色围巾的中年女子，在秋天的风地里走成一路旖旎。比起枣红色，显然沉静了许多。我喜欢沉静，喜欢沉静的后面依然有一份风情，就将那些红豆深埋在自己心里好了，也许腐烂，也许发芽成长，也许就这样，灼灼于心千年不坏，不生不死，不灭。

# 人渐远茶渐淡

一个夏天都没有喝茶。

昨天立秋。下了一夜的小雨，早起就有秋凉的感觉了，才有心情泡了杯茶。我的茶叶保存得很好，旧年的茶叶，如今还是青碧碧的，泡出来的茶清淡，茶香清淡，茶味也是清淡的。但是据说无论如何小心，两年后，茶叶的质量都要改变。

闻一多先生写过"我最爱的是那一杯苦茶"。苦是有些苦的，只是微微的涩，打底子的是清香，回味也是清香。谁谓荼苦，其甘如荠。说到了，江南人的嗜好大多没那么浓烈，喝不了那样一杯苦透的茶的。

虽然习惯于喝一杯绿茶已经有些年了，我却是不懂茶，只胡乱喝。西湖龙井黄山毛峰都有缘一晤，都转手予人。平常喝稍微好一点的就够了，没必要那么娇惯自己吧，再说太好，也真喝不出来，所谓唐突了佳人。不过转手予人，虽抱着君子茶赠君子心的初衷，很难说是不是会逼良为娼？满世界的喝茶人，真正懂茶的又有几个？提起茶，好像人人都有一肚子话想说，却不是词不达意就是话不投机。

说到茶，人就容易想到青山绿水的江南，在茶烟里袅袅婷婷，那一定是一杯绿茶，新鲜深碧的茶叶和甘美纯净的水，冲就一杯恰到好处的茶，江南的茶。杨柳岸，晓风残月；西子湖，浓淡相宜。满是又婉约又娴静的记忆。那么浓腻的红茶、乌突突的乌龙茶以及甜腻腻的花草茶里，滋养的该是哪一方水土呢？深浅的又是哪一份情愫呢？

而我的眼里，茶却只分两种：热闹的茶与寂寞的茶。在格调不俗的茶店喝一杯冷清的茶。高雅的茶具、精致的茶道以及一杯，仅仅是一小杯的茶在唇间一滴一滴洇散开来。冷清是够冷清的，但是心境可能更容易沉沦。我在四川看到过热闹的茶。粗陋的茶具,杯盘上有未洗净的茶垢,吱呀作响的竹椅子已坐成了红黑色。白铁大茶壶滚滴滴的冲过来。人就有些惊慌,赶紧让开,伙计也赶紧停住说:不碍事,碰不着您。茶叶在茶碗里像个没规没矩的野孩子蹬腿挥胳膊。一群白发苍苍的老人坐定了喝茶。有三三两两,一人向隅就像显得太各色了。最合适的是扎伙儿摆龙门阵。在这里喝上一碗茶,真是又热闹又暖心。当然,你也许会喝得满心寂寞。

　　寂寞的又何止你一个人呢？有几年吧，一个朋友年年送茶叶过来。他生活在一个盛产茶叶的地方。清明前后他会来一趟。不知道为什么我们其实没有话说，他是个好人，但是我们就是没什么话说，就像一杯茶和另一杯茶，即使是相同的茶叶相同的水，也会冲成两种滋味的茶。他的茶叶很好，我喜欢喝，但是我仍然不想和他说什么，只好低下头喝那杯渐渐冷却的茶。

　　人走茶凉。是呀，人都走了，一杯茶想维持它的温度，多么艰难又多么痛苦。

# 做个好厨子

《大侦探波罗》里有一集,一位夫人的厨子失踪了,问计波罗,波罗觉得这个案件太小儿科。夫人发作了:波罗先生,厨子对于家庭主妇来说就像珍宝对于贵妇,那是非常重要的。我不知道珍宝对于贵妇的感觉,完全不在已知的经验里。但是我很清楚,可口的健康的饭菜,对于一个家庭的氛围、营养乃至家庭成员的心理健康,都是举足轻重的。

所以越来越强烈意识到要做个好厨子,因为我做的菜,闺女总是不爱吃。买洗烧,端上桌,闺女看看,或者拿筷子拨拨,或者搛一点尝尝,她还没有淑女风范,即使手上捧着鸡蛋也是横冲直撞,又何曾这么小心翼翼? 说闺女挑剔也可,说闺女对我的厨艺没信心也可。这孩子爱吃,哪个孩子不爱吃呢? 哪个人不爱吃呢? 一个男人没有讨到会做菜的老婆,一个孩子没有摊上会做菜的老妈,无论如何都是人生一件憾事。女权分子会质疑我,为什么厨房一定是女人的事儿? 我也不知道为什么,结了婚,会发现男女平等讲不起,等生了孩子,就不讲了。完全是没有土壤。

也有男人会做菜,其实绝大多数登得上台面的厨师都是男的,但是在家里烧锅捣灶的绝大多数都是女的。

我妈曾经运气很好,因为我爸会做一手好菜。但是那个年代父母常年分居,日常都是我妈在家带我们,她又要上班又要做家务,时间紧;手头也不是很富裕,材料紧;加上又累,且这累还没法说,所以情绪也紧张。最重要的是我妈一不爱吃二不懂吃,煮熟就得,至于用餐环境、餐具等等这些辅助用餐情绪的东西,根本不在我妈的世界观和方法论里。所以童年时代,我们兄妹仨吃得都没有什么品位,三餐混个肚儿圆而已。逢年过节或者我爸休个探亲假,我们能吃撑了,好几年过年,我哥都撑坏了,我哥撑坏了我爸生气,说这孩子怎么过回去了越大越连饱饿都分不清?下一顿就不给我哥伸筷子。这样我妈也生气,你怎么不给孩子吃东西?我妈不知道她烧菜不好吃,因为她烧得实在不好吃,所以我们见不得好吃的。我们不仅见识短浅而且大惊小怪,在谁家吃饭都觉得好吃,都是一副馋样子,惹我妈生气。现在我妈还是烧得那老三样,不过技术上有所提升,因为有时间也有材料,虽然还是不好吃,因为年纪大了,手头没个准,不是太咸就是偏甜。当然也许是我们嘴刁了。

我爸的厨艺好不是我们自卖自夸,街坊邻居家办喜事,那时候结婚办酒没有去酒店一说,都是家里办,人家老早跟我爸商量,到时候来掌勺。一个人烧七八桌子菜,那不是一般人能担当得起的。我还记得大院里陈爹的女儿结婚,我爸去掌勺,我和我哥看热闹,我爸用大勺子舀了两勺老鸭汤泡了两碗锅巴,把我和我哥吃得舌头都要吞进肚子。这个里面看不出什么厨艺,但是炖汤也有技术。而且我妈养我们也实在养得粗糙。我们都不知道我爸的厨艺是哪里学来的,我爸去世得早,我们都还没有来得及意识到厨艺的重要,更谈不上跟我爸学个一招两招。奇怪就奇怪在这里,厨艺也不是深入DNA里的东西,我哥和我弟居然成家之后也烧得一手好菜。偏我什么也没有继承下来。往厨房一站,脚底发凉,两眼发直,丹田里一股气息不由自主地叹息出来。

可是结婚了、生娃了,娃吃饭了,怎么糊弄也不能一年糊弄三百六十五天啊。一个女人对吃的态度,就是她对自己的态度;一个女人做饭的态度,就是她处事的态度。我是糊弄着自己也糊弄着这个世界,想将这辈子对付着糊弄个差不多,但是,我的闺女,我不能糊弄她,而且,她越来越大,唯有美食不可辜负,她绝对不肯辜负她的肠胃。我到花街买了篾编的竹篮子,一到双休日挎着篮子奔菜市场,把冰箱给塞满。我的大哥送来肉圆子，我的弟弟送来熏鱼，我想肉圆子对付一餐，熏鱼对付一餐，但是我闺女真的只吃一餐，第二餐绝对不吃，我也不懂她怎么有这么娇滴滴的味蕾呢？我会做她才会吃啊，我不会做，她怎么这么会吃呢？

　　虽然没有老师，但是我知道电脑上可以找到各式菜谱，找最简单最易做，也是最常吃的，又不是开饭店，能有多难？我们家攒了厚厚一叠A4纸的菜谱，我是严格按照菜谱上来。其实一个人用心不用心很容易看出来，我做菜不用心，因为即使按照菜谱做了二十回，第二十一回我还得找菜谱，不然步骤就忘记了。有一次我炖羊肉，按照菜谱有七八个步骤，我弟妹，她也做得一手好菜，她看不得我拿张纸叽叽咕咕，直接上阵，羊肉焯水，然后开始炖，炖水开了放酱油、香叶、姜片、八角、朝天椒，然后继续炖，最后放盐收火，我闺女连汤都喝了，恨不得

将炖羊肉的砂锅扣头上，看得我心酸不已。我将弟妹的步骤佐料一笔笔记录在案，但是第二次我照搬这一套，闺女说味道不对。烧菜也欺生吗？

闺女每顿都要有荤菜，为儿童的健康成长计也需要如此，我闺女往餐桌前一坐，质问：全部是蔬菜你让我怎么长个子？这孩子打定主意要长到一米八，我没有意见，但是肉丝不是肉吗？闺女说肉丝算什么肉？后来我们家规定，体积在五厘米之内的均不属于荤菜。至于蔬菜，闺女倒是不在意，但是为了均衡营养，这部分是我不需要备忘的，而且，坦率说，做菜难的是做鱼肉，蔬菜难度系数还是比较低的。每一天，毫不夸张地说，每一天，我都苦苦挣扎于鸡鸭鱼肉之中，把它们弄熟，而且最关键的是我闺女还愿意吃。再也没有比我烟熏火燎烧好了，她直接忽略过去，然后去冰箱找涪陵榨菜更打击我这颗做妈的柔软的心了。

不要跟我说孩子她爹，孩子她爹不下厨房，不要问我说为什么他不下厨房，我只能跟那些热恋或者新婚的女孩子说，小心，第一粒扣子扣错了，后面就是这样了。我问孩子他爹烧得怎么样？这个被我的暴跳如雷洗过脑的男人犹豫了一会，说：我吃菜不讲究。也就是说，我烧得好不好不在置评范围内，而是他不讲究，无论好坏他勉强下咽了。一个拼命把自己往贤妻良母路上逼的人，真是泪流满面。可以看出来，孩子他爹的原则性很强，在婚姻生活多年后依然保持本色，如果不是这个人太不懂变通，那就是我在婚姻中太不用心。这是一个饮食之外关于男女的话题。估计比烧菜更复杂。

其实厨房里的事情，远比厨房外简单得多。我不懂村上春树，但是我记得他在《舞！舞！舞！》里有一段对话，值得思索："你很会做菜。""不是会做，不过倾注爱意、认真去做罢了。然而效果就大不相同。这是态度问题。凡事只要尽力去爱，就能够在某种程度上爱起来；

只要尽可能心情愉快地活下去，就能够在某种程度上如愿以偿。""再往上难道不行？""再往上得看运气。"一日三餐，不可少，不可免。即使只是为自己，也应洗手作羹汤，善待身体，何况作为母亲，给孩子做顿好饭菜，这是家的温暖之一。

凡是该做的，尽力去做，尽力生活，尽力做个好厨子。这是生活的承载，没有其他。

**图书在版编目(CIP)数据**

回味：美食思故乡 / 唐玉霞著.—上海：东方出
版中心，2014.8
ISBN 978-7-5473-0694-9

Ⅰ.①回… Ⅱ.①唐… Ⅲ.①饮食—文化—江南地区
Ⅳ.①TS971

中国版本图书馆CIP数据核字(2014)第 151718 号

**回味：美食思故乡**

出版发行：东方出版中心
地　　址：上海市仙霞路345号
电　　话：62417400
邮政编码：200336
经　　销：全国新华书店
印　　刷：昆山市亭林印刷有限责任公司
开　　本：890×1240毫米　1/32
字　　数：215千
印　　张：8.625
版　　次：2014年8月第1版第1次印刷
ISBN 978-7-5473-0694-9
定　　价：32.00元